Peter Himmelhuber • Klaus Fisch

# Selbst Wintergärten & Gewächshäuser bauen

## Schritt für Schritt richtig gemacht

Weltbild

# Auf einen Blick

# Band II – Inhaltsverzeichnis

Genehmigte Lizenzausgabe für Verlagsgruppe Weltbild GmbH,
Steinerne Furt, 86167 Augsburg

Text: Peter Himmelhuber und Klaus Fisch
Chefredaktion: Ilse Hell und Dr. Angela Sendlinger
Redaktion: Daniela Pätzold und Friederike Fleschenberg
Bildnachweis Band 1: Sämtliche Fotos stammen vom Autor
Bildnachweis Band 2: Siehe Abbildungsverzeichnis Seite 192
Umschlaggestaltung: X-Design, München
Umschlagmotiv: mauritius-images, Istockphoto
Gesamtherstellung: Typos, tiskařské závody, s.r.o., Plzeň
Printed in the EU
978-3-8289-3457-3

2013 2012 2011
Die letzte Jahreszahl gibt die aktuelle Lizenzausgabe an.

# Selbst Gewächshäuser & Frühbeete bauen

Schritt für Schritt richtig gemacht

# Selbst Wintergärten & Gewächshäuser bauen

Schritt für Schritt richtig gemacht

Weltbild

# *Ein Wort zuvor*

Selbermachen – ein Hobby, das heute für Millionen zur sinnvollen Freizeitbeschäftigung geworden ist. Ob es sich nun um die Gartengestaltung oder um die eigenen vier Wände handelt, mit etwas Geschick und einer fachmännischen Anleitung lassen sich oft verblüffende Ergebnisse erzielen: bei kleineren Reparaturen, beim Renovieren und Verschönern und beim Um- und Ausbauen.
Und Selbermachen bringt Spaß und Freude an der eigenen Arbeit, deren Ergebnis man Tag für Tag sehen und »bewundern« kann. Es spart Geld, mit dem sich lang gehegte Wünsche erfüllen lassen, und es macht unabhängig von Handwerkern, auf die man womöglich wochenlang und schließlich vergeblich gewartet hat.

Fachgeschäfte, Heimwerker- und Baumärkte versorgen den Hobby-Handwerker mit allen Werkzeugen und Materialien, die er braucht. Doch richtiges Werkzeug und Begeisterung allein reichen nicht aus. Unerlässlich sind eine gründliche Vorbereitung und Fachkenntnisse, wie eine Arbeit durchzuführen und was dabei zu beachten ist.

COMPACT PRAXIS **Selbst Gewächshäuser und Frühbeete bauen** zeigt, wie man's macht. Mit wertvollen Tipps und Tricks, die sich in der Praxis tausendfach bewährt haben. Jeder Arbeitsgang wird ausführlich Schritt für Schritt gezeigt und in Bild und Text erläutert. Übersichtliche Symbole zeigen auf einen Blick, mit welchem Schwierigkeitsgrad, welchem Kraft- und Zeitaufwand Sie bei jedem Arbeitsgang rechnen müssen, welche Werkzeuge Sie brauchen und wie viel Geld Sie durch Ihre eigene Arbeit einsparen können.

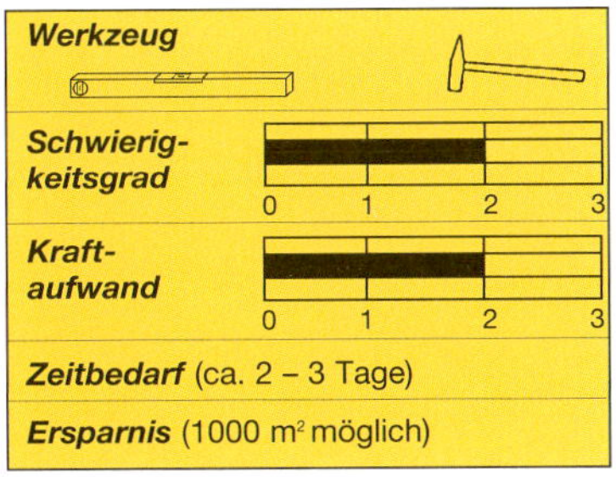


***Und so stufen Sie Ihre Fähigkeiten richtig ein:***

**Schwierigkeitsgrad 1** – Arbeiten, die auch der Ungeübte ausführen kann. Es ist nur geringes handwerkliches Geschick erforderlich.

**Schwierigkeitsgrad 2** – Arbeiten, die einige Übung im Umgang mit Werkzeug und Material erfordern. Es ist handwerklich durchschnittliches Geschick notwendig.

**Schwierigkeitsgrad 3** – Arbeiten, die fachmännische Übung erfordern. Überdurchschnittliches Geschick ist erforderlich.

**Kraftaufwand 1** – Leichte, einfache Arbeiten, die jeder bequem erledigen kann.

**Kraftaufwand 2** – Arbeiten, die eine gewisse körperliche Kraft voraussetzen.

**Kraftaufwand 3** – Arbeiten für kräftige Heimwerker, die keine »Knochenarbeit« scheuen.

# Gewächshäuser im Garten nutzen

***Langfristig lohnt sich die Anschaffung eines stabilen Gewächshauses***

### Glashaustypen

Wer im Glashaus sitzt, soll nicht mit Steinen werfen; das gilt natürlich für jeden Glashaustyp. In einem Warmhaus jedoch kann eine zerbrochene Scheibe den gesamten Pflanzenbestand zerstören. Die Pflanzen im Kalthaus sind da weniger empfindlich.

### Glashausgüte je nach Kultur

Bevor Sie sich für ein Glashaus entscheiden, sollten Sie langfristig planen und die angebotenen Modelle, deren Bauweise, Stabilität und Funktionsweise nach Ihren Wünschen und den Ansprüchen Ihrer Pflanzen beurteilen.

Glashäuser und Folienzelte sind **Sonnenfallen**. Sie lassen das Sonnenlicht durch und speichern die Wärme. Zudem schützen sie vor Wind und Regen. Dies kommt natürlich den Pflanzen zugute, insbesondere den Jungpflanzen und den wärmebedürftigen Arten.

Erst Mitte Mai beginnt im Garten die Zeit der mediterranen und exotischen Pflanzen und schon im September endet sie wieder. Nördlich der Alpen ist für die Kultur von frostempfindlichen Kübelpflanzen unbedingt ein Glashaus nötig, zumal für ausdauernde Arten, die ein geschütztes **Winterquartier** brauchen.

Aber auch die Anzucht von Jungpflanzen, die Erntezeitverlängerung oder die Kultur tropischer Pflanzen ist nur unter Glas oder Folie Erfolg versprechend. Seien es nun Sommerblumensämlinge, die für ihre Entwicklung viel Licht und Wärme brauchen, Gurken, Paprika und andere wärmebedürftige Gemüse oder tropische Orchideen, die nur bei hoher Luftfeuchte und Wärme wachsen.

So genügt für die **Kulturzeitverlängerung** von Gemüse ein leichtes Haus ohne besondere Ausstattung. Wenn Sie aber wertvolle tropische Pflanzen durch das Jahr bringen wollen, wird eine robuste, gut ausgerüstete Konstruktion langfristig die preiswerteste Lösung sein.

Bei der Entscheidung für einen bestimmten Glashaustyp ist man natürlich durch die Grundstückslage, die Größe des Bauplatzes und den Baupreis festgelegt. Obwohl ein nach Süden offenes, nach

***Profitipp***
Jede Kultur gedeiht nur so gut es die Qualität und die Einrichtung des Glashauses zulassen. Wählen Sie also das Material Ihren Pflanzen entsprechend und statten Sie Ihren Glashaustyp richtig aus. So genügt für den Gemüseanbau ein einfaches Kleinglashaus, das vor Wind und Regen bewahrt. Tropische Pflanzen sind auf eine umfangreiche Ausstattung mit Lüftung, Heizung, Schattierung und unter Umständen einer Sprühnebelanlage angewiesen.

Norden vom Haus geschütztes Stück Land die beste Situation bietet, kann man auch an anderen Plätzen mit Einschränkungen fast jeden Typ verwirklichen.

Vor dem Bau eines bestimmten Typs ist auf jeden Fall das Kleinklima zu beachten – egal ob nun ein Kalthaus, ein Warmhaus, ein temperiertes Haus oder ein Überwinterungshaus gebaut werden soll. Vielleicht entscheidet man sich in einer rauen Region wegen der enormen Kosten eher für ein einfaches Überwinterungshaus statt für das gewünschte **Tropenhaus**. Denn die Kultur von Tropenpflanzen erfordert das ganze Jahr ein konstant warmes Klima, das natürlich mit Kosten für eine besondere Verglasung und eine Heizung verbunden ist.

### *Überwinterungshaus*

Dieser Glashaustyp ist wohl am einfachsten zu finanzieren, zu konstruieren und einzurichten. Überwinterungshäuser werden in vielen Varianten in Bau- und Gartenmärkten angeboten. Sie sind leicht gebaut und genügen den Ansprüchen vieler Pflanzenarten.

***Professionelles Tropenhaus***

***Gewächshaus-Bausätze gibt es in verschiedenen Formen***

***Kalthaus mit Teneriffa-Flora***

So bieten diese Glashaus- oder Folienhaustypen im Frühjahr ideale Bedingungen für die Anzucht von Jungpflanzen aller Arten, da sie vor extremen Wetterschwankungen und insbesondere vor geringem Nachtfrost und Wind schützen.

Auch das Gemüse bleibt unter diesen Glas- oder Foliendächern vom rauen Wetter verschont. Dadurch lässt sich die Anbauzeit verschiedener Sorten um einige Monate vorziehen und im Herbst auch verlängern.

Im Sommer bieten diese Häuser Tomaten, Paprika oder Melonen Schutz. Im Winter müssen sie nicht leer stehen, wenn sie als Winterquartiere für robuste Kübelpflanzen dienen. Dann ist allerdings ein zusätzlicher Frostschutz etwa mit Noppenfolie und einer elektrischen Heizung nötig.

Obwohl vieles für diese »Allround-Häuser« spricht, sind sie wegen ihrer leichten, oft luftigen Bauweise doch keine Quartiere für besondere Kulturen wie Orchideen, Bromelien und die vielen anderen Arten, die ganzjährig etwa 20 Grad Wärme zum Wachsen brauchen.

***Kalthaus***

Dieser Typ ist kein unbeheiztes Haus. Das Kalthaus ist in der Regel mit einer leistungsfähigen Wärmequelle ausgerüstet, sodass auch im Winter auf 10 Grad Celsius temperiert werden kann. Es dient zur Überwinterung von südländischen Pflanzen, zur Anzucht von Balkon- und Gemüsepflanzen und für andere Schutz- und Vermehrungsarten. Die Vermehrung und Anzucht von Jungpflanzen kann im Kalthaus bereits im Winter beginnen, wenn eine gute Leuchte installiert ist.

***Temperiertes Haus***

In diesem Haus können Sie alle Pflanzenarten kultivieren. Denn hier lässt sich die Temperatur während des ganzen Jahres zwischen 10 und 20 Grad Celsius halten. Die technische Einrichtung macht eine ausgewogene Klimasteuerung möglich.

Eine automatische Lüftungsanlage, eine **Schattieranlage** und eine hochwertige Beleuchtung kommen dem Pflanzenliebhaber bei der Pflege zugute. Das temperierte Haus sei Züchtern und Sammlern empfohlen. Wegen der hohen Anschaffungs- und Betriebskosten ist dieser Typ aber vorwiegend den Berufsgärtnern vorbehalten.

***Warmhaus***

Das Warmhaus ist ein solides Gebäude auf festem Fundament, das wegen der aufwendigen Technik und wegen der hohen Kosten nur besondere Kulturen beherbergt. In diesen Gewächshäusern funktioniert vieles vollautomatisch.

Die Temperatur wird über Fühler gemessen und über eine zentrale Steuerung reguliert. Die Pflanzen können automatisch belüftet, schattiert, verdunkelt, beleuchtet, besprüht und bewässert werden. Im Warmhaus wachsen deshalb empfindliche Exoten. Für die Vermehrung und Anzucht von Sommerblumen und Gemüsepflanzen ist die Einrichtung zu aufwendig.

### Eigenkonstruktionen

Der Wert eines eigenen Gewächshauses ist unbestritten. Es gibt empfindlichen Pflanzen ein geschütztes Quartier und macht vom Wetter unabhängiger. Zudem verlängert es die Erntezeit um mehrere Wochen. Nicht umsonst bieten einige Hersteller verschiedene Typen an. Dennoch sind auch eigene Konstruktionen machbar.

**Profitipp**

Gartenmessen sind Entscheidungshilfen vor dem Kauf eines teuren Gewächshauses, denn hier werden jährlich die neuesten Modelle verschiedener Hersteller inklusive der modernsten Technik vorgestellt. An den Ausstellungsstücken kann man erkennen, ob sie den Qualitätsanforderungen genügen und für die eigene Sache richtig ausgerüstet sind.

Wer mit eigenen Mitteln ein Gebäude erstellen will, das mit handelsüblichen Fertighäusern vergleichbar ist, muss wohl oder übel mit größeren Kosten rechnen. Serienprodukte lassen sich billiger herstellen als Eigenkonstruktionen – es sei denn, es dienen gebrauchte Bauteile wie alte Fenster als Baustoffe.

Der besondere Vorteil eigener Konstruktionen besteht darin, dass sie nach Maß gefertigt und Sonderwünsche berücksichtigt werden können. Allerdings lassen sich durchaus auch Fertigteile für besondere Konstruktionen hernehmen, so etwa einzelne Bausätze für ein Reihenhaus. Zudem können Materialien vom Baustoffhandel für Eigenkonstruktionen dienen, die sonst eine andere Funktion haben (z. B. Baustahlmatten für einen Folientunnel).

Weiterhin sind Kombinationen aus Fertigteilen und eigenen Anfertigungen möglich; so können etwa Betonformteile als Basis für ein Gewächshaus aus alten Fenstern dienen oder umgekehrt kann ein selbst gegossenes Streifenfundament eine gute Grundlage für ein Fertighäuschen sein.

***Warmhaus mit Zimmerpflanzen***

***Tomatenhaus-Eigenbau***

# Von Pavillons und Pultdächern

*Ein Folienzelt mit Tomatenpflanzen*

*Folientunnel im Gemüsegarten*

Der wohl einfachste Gewächshaustyp ist ein **Folienzelt** oder **Folientunnel**. Solch eine Abdeckung aus Drahtbügeln (oder Holzrahmen) und Folie (oder Faservlies) dient gewöhnlich zur Erntezeitverfrühung oder -verlängerung.

Ein Folienzelt oder -tunnel ist schnell gebastelt, sehr effektiv und jederzeit versetzbar, zum Beispiel wenn ein Beet abgeerntet ist. Eine gute Konstruktion aus stabilen Metallbügeln oder Holzlatten und spezieller UV-Licht-stabiler Gartenfolie hält länger als fünf Jahre.

Das gilt auch für einen **Frühbeetkasten**, der aus Holz-, Metall- oder Betonformteilen gebaut und mit Glasfenstern eingedeckt ist. Solche **»Flachgewächshäuser«** sind für den Gemüseanbau oder für die Jungpflanzenanzucht und -abhärtung nützlich und auch (noch) willkommen, wenn ein Gewächshaus im Garten steht.

Der »Urtyp« eines Gewächshauses hat ein Satteldach. **Satteldachhäuser** sind in vielen Größen und Ausführungen im Handel erhältlich und lassen sich aus Holz- oder Metallrahmen mit Glas oder Folieneindeckung auch selbst bauen.

Wie bei den Fertighäusern muss auch bei Eigenbauten die **Statik** und die Verankerung (Fundamentierung) stimmen. Insbesondere sollte der Rahmen tragfähig und sturmsicher sein. Immerhin hat er – bei einer Glaseindeckung – eine zentnerschwere Last zu tragen und stellt einen großflächigen Windfang dar. Deshalb ist auch eine feste Verankerung, am besten auf einem **Betonfundament**, zu empfehlen.

Ein Streifenfundament oder Punktfundamente, die mit Betonstürzen (Fensterstürze vom Baustoffhandel) überbrückt werden und etwa 70 cm tief gründen, sind sichere Anker. Darauf hält ein Glashaus jedem Sturm stand, wenn es gut festgedübelt ist.

Zu beachten sind weiterhin die Dachneigung und die Dachstatik. Das Satteldach muss steil genug sein, damit das Regenwasser gut abläuft, und belastbar, damit es den Schneedruck aushält!

Serienhäuschen von der Industrie lassen sich sehr gut zu **Reihenhäusern** zusammenstellen. Ein Reihenhaus aus zwei, drei und mehr Häuschen bietet sich z. B.

***Frühbeetkasten nach der Bepflanzung***

***Anlehngewächshaus im Winter***

als Schall- und Sichtschutz an einer Straße oder zur Nutzung in einem schmalen Garten an.

Auf einer großen, freien Fläche wirkt ein **Pavillon-Gewächshaus** besser. Die aufwendige Konstruktion hat allerdings ihren Preis und lohnt sich nur für Pflanzenliebhaber oder -züchter – es sei denn, sie bekommt in der Anlage einen besonderen Platz als Gestaltungselement und Blickfang.

Als Sonnenfalle ideal ist ein **Anlehngewächshaus** mit Pultdach. Es steht am besten an einer Südwand und ist so nach Norden hin optimal abgeschirmt. Das **Pultdach** kann bis zum Boden reichen oder es wird wie beim Satteldach auf senkrechte Wände aufgesetzt.

Die Rückwand ist vorzugsweise weiß gestrichen, damit sie das Sonnenlicht reflektiert, oder dunkel, damit sie die Sonnenstrahlung sammelt und langsam Wärme in den Raum abgibt.

Ein **Folienhaus** kann mit Satteldach, Pultdach oder als Pavillon gebaut sein. Es ist statt mit Glas mit spezieller UV-Licht-stabiler Gartenfolie bespannt. Der Rahmen kann leichter gebaut sein, weil er wesentlich weniger Gewicht zu tragen hat. Sturmsicherheit muss aber gewährleistet sein. Für Folienhäuser gibt es Bausätze bzw. Steckverbinder aus Kunststoff, die den Aufbau erleichtern.

*Ein Gewächshaus aus alten Fenstern*

Nahezu kostenlos lässt sich ein großes und stabiles **Glashaus aus alten Fenstern** aufstellen. Allerdings braucht dies viel Zeit zur Beschaffung und richtigen Zusammenstellung der Fenster. Grundsätzlich lohnt sich die Mühe, wenn etwa bei einer Hausrenovierung viele gleiche Fenster mit Rahmen anfallen. Sie lassen sich dann leicht zusammenstellen und verschrauben.

Neben den »richtigen« Gewächshäusern für draußen gibt es verschiedene **Miniaturglashäuser** für drinnen, die vor allem für die Anzucht von Jungpflanzen geschaffen sind. Mit Heizplatte und Pflanzenleuchte ermöglichen sie die Aussaat und Vermehrung besonders in den lichtarmen Wintermonaten. Danach kann man sie zur Stecklingsvermehrung nutzen. Dekorative Miniglashäuser sind auch ideale kleine Vitrinen.

# Die richtige Ausstattung wählen

Für ein Kleinglashaus gleicher Größe kann man je nach Art und Bauweise zwischen 500 und 5000 € ausgeben. Vor dem Kauf sind deshalb auf jeden Fall die Prospekte der Hersteller zu vergleichen und Musterhäuschen zu besichtigen.

Oft bieten die Kreislehrgärten, Gartenschauen, Gartencenter, Baumärkte und die Hersteller Ausstellungen mit verschiedenen Modellen, bei denen vielleicht das richtige Haus für den eigenen Garten zu finden ist oder als Vorbild für eine Eigenkonstruktion dient.

### *Welche Größe?*

Ein Gewächshaus ist fast immer zu klein. Das heißt, man kann es nicht groß genug planen und bauen. Doch meistens setzen der vorhandene Platz und das Haushaltsbudget dem Bau Grenzen. Immerhin haben die Profile und Scheiben ebenso ihren Preis wie die Heizung bei einem Warmhaus.

Auf jeden Fall ist eine ergonomische Größe empfehlenswert, damit die Wartung keine Mühe macht. Insbesondere sollten der Zugang und am besten auch die Zufahrt mit der Schubkarre leicht möglich sein.

Für Anfänger lohnt es sich, zunächst klein einzusteigen, also etwa mit einem Kleinglashaus zu beginnen und später eventuell den Erfahrungen entsprechend größer zu bauen. Das bereits vorhandene Kleinglashaus lässt sich dann weiterhin nutzen.

### *Technik*

Für jeden Glashaustyp sind gute **Lüftungseinrichtungen** wichtig. Sonst herrschen an sonnigen Sommertagen tödliche Temperaturen für Pflanzen. Je nach Größe ist außer der Türe wenigstens ein Dachfenster nötig, sodass die heiße Luft entweichen kann.

In einem guten Warmhaus wird die Lüftung und die Schattierung, die ebenso vor Überhitzung schützt, per Wärmefühler elektronisch geregelt. Das ist allerdings ziemlich aufwendig.

Für gewöhnliche Kleinglashäuser, Frühbeete und dergleichen gibt es einfache Lüftungsautomaten bzw. Fensterheber, die jederzeit nachträglich in die Fenster eingesetzt werden können. Als **Sonnenschutz** genügen Strohmatten oder spezielle Schattiermatten aus Kunstfasergewebe.

***Hängeborde im Gewächshaus***

Was sonst noch nötig und nützlich ist, liegt an der Nutzung. Zur optimalen Raumausnutzung empfehlen sich Hängeborde und Glashaustische.

Ein stabiler Tisch ist ohnehin zum Topfen, Schneiden der Stecklinge und für andere Arbeiten wichtig.

Ansonsten bieten die Gartenkataloge und Gartencenter eine reiche Auswahl an praktischem Zubehör. Viele Utensilien und Werkzeuge gehören aber ohnehin zur Gartengeräteausstattung.

# Preiswerte Alternativen zum Glashaus

*Frühbeet mit Schattierung*

*Hochbeet mit Holzrahmen*

Neben Gewächshäusern sind **Frühbeetkästen** unverzichtbare Einrichtungen in Erwerbsgärtnereien. Sie dienen nicht als Ersatz, sondern sind vollwertige Quartiere für bestimmte Kulturen.

Besonders wertvoll sind die flachen Gewächshäuser für den vorzeitigen Anbau von Frühgemüsen. Mit einer wärmenden Packung Stallmist als Mistbeete hergerichtet machen sie sogar die Pflanzung von Tomaten und Paprika vor Saisonbeginn möglich.

Frühbeete dienen aber auch im Sommer noch als schützende Quartiere für Gurken, Melonen und andere Wärme liebende Exoten. Im Herbst lassen sie sich wieder für späte Salate nutzen oder als Mieten für Knollen- und Wurzelgemüse.

Noch im Winter haben sie einen Wert als Quartiere für nicht zu empfindliche Kübelpflanzen, wenn der Boden tief genug ausgeschachtet wird. Außerdem bieten sie günstige Bedingungen für Kaltkeimer. Die Saatgefäße mit Gehölz- oder Staudensämereien werden dazu nur in den Boden eingesenkt.

### *Kostengünstige Lösung*

Frühbeete sind preisgünstig. Einfache Konstruktionen lassen sich kostenlos aus Abfallbrettern und alten Fenstern zusammenstellen. Sie versehen ihren Dienst genauso wie Fertigbausätze, die es in vielen Variationen zu kaufen gibt. Das Sortiment reicht von **Frühbeettunnels** über leichte Konstruktionen aus Hohlkammerplatten bis zu massiven Kästen aus Betonformteilen.

Natürlich sind auch exklusive Eigenkonstruktionen machbar, die genau für einen bestimmten Standort oder eine besondere Nutzungsart geschaffen werden. Das kann beispielsweise auch ein **Hochbeet** mit Fenster sein.

### *Feste Einrichtung*

Im Unterschied zu Gartenfolien und Folientunnels sind Frühbeete starre Konstruktionen, die viele Jahre genutzt werden können. Die Lebensdauer ist vom Material abhängig und liegt zwischen einem Jahr bei einem Kasten aus ungeschützten leichten Hölzern plus Folienfenster und zehn oder mehr Jahren bei einem Betonkasten mit Glasfenstern, die in einen Metallrahmen eingespannt sind.

Dazwischen gibt es die verschiedensten Konstruktionen aus Alurahmen und Glasfenstern, aus **Stegdoppelplatten** und Kunststoffprofilen oder aus anderen wetterfesten Materialien. Beim Eigenbau haben sich vor allem Holz und Kunststoff bewährt, da beide Materialien leicht zu bearbeiten, stabil und wetterfest sind.

***Profitipp***
Für den Anbau unter Glas im zeitigen Frühjahr sind nur bestimmte Gemüsesorten geeignet, und zwar spezielle »schoßfeste« Frühsorten. Ideal ist das Frühbeet für frühe Kopfsalatsorten, Rettiche, Radieschen, Spinat und Kohlrabi, zumal diese recht robust sind und Spätfrost hinnehmen. Einen völligen Frostschutz gewährt das Frühbeet übrigens nicht! Es hält nur geringe Kälte ab. Tomaten, Paprika und andere empfindliche Gemüse dürfen erst im Mai ins Frühbeet gepflanzt werden – es sei denn, man schützt sie bei Frost zusätzlich. Oder man bepackt das Beet mit Pferdemist und macht einen **»warmen Kasten«** daraus.

***Frühbeetkästen lassen sich leicht aufstellen***

### *Wander- und Dauerkästen*

Man unterscheidet zwischen dem **Wanderkasten** und dem **Dauerkasten**. Von beiden Typen gibt es verschiedene Varianten: den einfachen Kasten und den Doppel- oder Sattelkasten.

Der Wanderkasten besteht aus leichten Elementen und kann so ohne Schwierigkeiten umgesetzt werden. Der Dauerkasten wird fest in den Boden eingesenkt. Dabei haben sich Betonformteile, Ziegelwände oder Holzbohlen bestens bewährt.

Beim Dauerkasten sollten die Wände in den Boden eingesenkt werden, damit er fest verankert ist. Der Aufwand für den Bau eines Dauerkastens ist deshalb wesentlich größer als für einen Wanderkasten, der nur auf den Boden aufgesetzt wird.

### *Eigene Maße wählen*

Besonders gut eignet sich kesseldruckimprägniertes Holz als Baumaterial. Es lässt sich leicht schneiden und verbinden. Trotzdem ist es stabil und wetterfest. Durch die besondere Technik der

*Folientunnel mit Gitterfolie*

Durch das Festtreten wird der Mist verdichtet. Die Packung verrottet dann langsamer und bleibt länger als Wärmequelle erhalten. Eine 20 bis 30 cm dicke Schicht genügt.

Vor dem Einbringen muss der Boden ausreichend tief ausgekoffert werden. Ein Teil der Aushuberde dient nach dem Bepacken des Kastens wieder als Substrat. Dieses kann mit Kompost vermischt und speziell für die Gemüsepflanzen verbessert werden. Die Substratschicht sollte etwa 20 cm dick sein. Zu beachten ist, dass oben noch genügend Zwischenraum zu den Fenstern bleibt.

Imprägnierung ist dieses Holz umweltfreundlich, da die schützenden Salze fest in den Poren haften bleiben.

Ein Holzkasten lässt sich beliebig bemessen und ausbauen, wobei Sie auch hier umgängliche Maße wählen sollten.

Ein einfacher Kasten könnte beispielsweise 150 cm lang und 100 cm breit gebaut werden. Bei diesem Maß ließe sich auch ein genormtes Frühbeetfenster vom Fachhandel verwenden. Selbstverständlich können Sie den Kasten auch größer bauen. Bei zwei Meter Breite bräuchten Sie dementsprechend zwei Fenster zum Abdecken.

### *Warmer Kasten*

Ein Frühbeetkasten kann aber auch als warmer Kasten dienen. Dazu eignet sich vorzugsweise **Pferdemist**, der mehr Wärme entwickelt als beispielsweise Mist von Rindern oder Schweinen. Die Mistpackung sollte möglichst dick sein, damit sie lange Zeit erhalten bleibt und viel Wärme abgibt.

Nach dem Einfüllen des Substrats und dem Planieren der Pflanzfläche ist der Mistbeetkasten fertig bepackt. Jetzt können die Fenster aufgelegt werden. Die Bepflanzung sollte allerdings erst einige Tage später erfolgen, wenn die Ammoniakgase entwichen sind. Dazu werden die Fenster mit Lüftungshölzchen offen gehalten.

In den warmen Kasten kommen zunächst vorzugsweise Frühsalate und Kohlrabipflanzen. Sie profitieren von der Bodenheizung und entwickeln sich auch bei noch kühlem Spätwinter- oder Frühlingswetter besser als im Freien oder im unbeheizten Frühbeet. An sonnigen Tagen ist natürlich eine ausreichende Belüftung nötig.

Nach dem Abernten der ersten Frühsalate und Kohlrabi dient der warme Kasten insbesondere zur Bepflanzung mit Tomaten. Sie vertragen den frischen Mist und nutzen ihn zur Nährstoffversorgung. Freie Flächen oder Lücken lassen sich mit Salat oder Paprika bepflanzen.

***Folientunnel***

Beim Bau von sehr einfachen und leichten Gewächshäusern ist Folie den Glas- oder Kunstglaseindeckungen überlegen. Die elastische Schutzhaut benötigt keinen tragfähigen Holz- oder Metallaufbau. Sie lässt sich über alle möglichen Hilfskonstruktionen spannen.

Große Folientunnels sind vergleichbaren Glashäusern ebenbürtig. Sie machen den Anbau von Tomaten, Paprika und anderen Fruchtgemüsen möglich. Sie können aber auch zur Überwinterung robuster Kübelpflanzen dienen, die zwar geringen Frost hinnehmen, aber Schutz vor strenger Kälte und Nässe brauchen. Falls nötig werden solche Kübelpflanzen in den Boden eingesenkt und dann noch zusätzlich mit luftigem Material bedeckt oder eingepackt. Ein angemessener Folientunnel kann beispielsweise ein Notquartier für Palmen oder Zypressen sein. Natürlich ist die Überwinterung im Freien für solche Pflanzen selbst mit dem Frostschutz ein Risiko.

Das Folienhaus sollte auf jeden Fall geschützt in Hausnähe platziert werden. Zudem kann ein Frostwächter (z. B. ein Elektroheizer) in kalten Nächten Schäden vermeiden, sodass die wertvollen Stücke gesund und ohne Schaden durch den Winter kommen.

Kleine Folientunnel können zum Schutz von Jungpflanzen nützlich sein. Sie verhindern insbesondere im Frühjahr kalten Wind und lindern leichte Nachtfröste. Im Sommer machen sie den Anbau von klein bleibenden, wärmebedürftigen Gemüsen wie Gurken, Paprika oder Melonen möglich. Im Herbst halten diese Schutzhauben Schnee und Regen von späten Gemüsen und Salaten ab. Sie lassen sich jederzeit umsetzen.

***Ein Folientunnel aus Baustahl***

# Gewächshäuser richtig platzieren

Es liegt an der Natur der Pflanzen, dass ein Gewächshaus am besten sonnig steht. Vor allem darf der Schatten von Gebäuden nicht stören, insbesondere im Frühjahr und Herbst, wenn die Sonne tief steht.

Denn gerade dann ist viel Licht wichtig: Die Jungpflanzen brauchen es zum Wachsen, die Gemüse zum Ausreifen.

Wegen der Pflege und Wartung wie etwa der Bewässerung, Lüftung und Schattierung ist ein Standort nahe am Haus günstig. Die größten Fensterflächen sind vorzugsweise nach Süden auszurichten. An der Nordseite kann eine schützende Mauer stehen.

Es empfiehlt sich ein dicht isoliertes Gebäude zu wählen, wenn der Bauplatz an einer Nord-West Seite vorgegeben ist – insbesondere wenn das Haus im Winter beheizt werden soll.

Bei vorgegebener Ostlage sollte durch die Konstruktion viel Sonnenlicht eingefangen werden. Im **Überwinterungshaus** für Kakteen geschieht dies am besten durch eine Blankglaseindeckung.

In einem Tropenhaus auf der Südseite könnte das Blankglas Verbrennungen verursachen. Hier kann Klarglas mit rauer Oberfläche oder eine Schattierungseinrichtung vor Blattschäden bewahren.

***Profitipp***
Ein Kleinglashaus ist genehmigungsfrei! Selbstverständlich ist aber der ortsübliche Grenzabstand einzuhalten (meist drei Meter). Erkundigen Sie sich gegebenenfalls vor dem Aufstellen beim Bauamt.

***Standort nahe am Haus***

***Der Aufbau erfolgt an einem günstigen Standort***

# Glasarten und Kunststoffe

Gewöhnliche Folie reißt bald

Stegdoppelplatten

### Haushalt- oder Baufolien

Grundsätzlich lohnt sich der Bau eines eigenen Gewächshauses nur mit ausgewählten Materialien, die vor allem wetterfest sein müssen. Gewöhnliche Folien beispielsweise sind ungeeignet. Sie halten mangels UV-Licht-Stabilisierung nur kurze Zeit und zerreißen.

Wichtig ist auch eine ausdauernde Lichtdurchlässigkeit. Manche PVC-Elemente sind zwar wetterfest, verfärben sich aber nach und nach. Außerdem dünsten sie Dämpfe aus, die möglicherweise giftig sind.

Als Eindeckung kommen also nur speziell für den Gewächshausbau gefertigte Folien oder Kunstglaselemente zum Einsatz.

### Glas- und Folienarten

**Klarglas** hat eine glatte und eine genörpelte Oberfläche, es ist durchscheinend und erzeugt diffuses Licht. **Blankglas** hat zwei glatte Oberflächen und ist durchsichtig. **Hohlkammer- oder Stegdoppelplatten** sind durchscheinende (undurchsichtige) Kunststoffdoppelplatten, die mit Stegen verbunden sind; die Luft dazwischen wirkt dämmend.

Bei der **Gitterfolie** handelt es sich um eine besonders reißfeste, UV-Licht-stabile Spezialfolie für den Gewächshausbau; sie wird vor allem zum Bespannen von Folientunnels empfohlen.

**Luftpolsterfolie** nennt man eine Folie mit eingeschweißten Luftpölsterchen. Sie ist nicht als Eindeckung geeignet, sondern nur zur zusätzlichen Wärmedämmung.

**Schlitzfolie** und **Kunststofffaservlies** sind Kunststoffplanen bzw. -vliese, die man zur Abdeckung der Beete, für kleine Tunnels und Zelte oder als zusätzlichen Frostschutz unter Glas verwendet.

### Profitipp

Die Stegdoppel- oder Hohlkammerplatten aus Polycarbonat sind ziemlich dünn und brüchig. Beim Zuschneiden und Bohren ist deshalb Vorsicht geboten. Am besten durchbohrt man die Platten direkt neben einem Steg, und zwar jeweils an den Verbindungsstellen von zwei Platten. Die Schrauben sollten große Köpfe haben.

***Sonnenfalle und Wetterschutz***

Der Handel bietet ebenso viele Glasarten wie Gewächshaustypen an. Dazu sind die Bezeichnungen manchmal verwirrend (z. B. ist »Klarglas« genörpelt) und die Preise oft enorm. Sie sollten deshalb bei der Glas-, Kunstglas- oder Folienwahl gezielt vorgehen.

Der Erfolg der Kultur unter Glas ist maßgeblich von der Glasart abhängig. Die richtige Glaswahl ist aber besonders wichtig, wenn Sie nicht nur Tomaten anbauen, sondern empfindliche Exoten kultivieren wollen. Denn während den Tomaten ein Dach aus Folie genügt, brauchen z. B. Orchideen einen dicht isolierenden Glasmantel.

Neben der Pflanzenart, die wachsen soll, bestimmen noch weitere Faktoren die Auswahl. So spielen die Belastbarkeit (wichtig in schneereichen Regionen), die Bruchsicherheit (Glas ist zerbrechlich, Kunststoff stabil), die Isolierfähigkeit (z. B. Isolierverglasung bei ganzjähriger Nutzung), die Bearbeitungsfähigkeit (Grundkenntnisse bei der Glasverarbeitung sind Voraussetzung), die Lichtdurchlässigkeit (Kunststoffe altern), die Beschaffenheit (»Blankglas« ist glatt, »Klarglas« genörpelt) und nicht zuletzt der Preis eine wichtige Rolle.

***Gewächshaus mit Dämmung aus Luftpolsterfolie***

Stimmen Sie die Eindeckung auf jeden Fall auf diese Faktoren ab, wenn Sie ein Gewächshaus planen. Für ein einfaches Projekt genügt beispielsweise schon ein leichter Holzrahmen, der mit Gartenfolie bespannt wird.

Für den Bau eines dauerhaften Glashauses sind eine stabile Tragkonstruktion und eine haltbare Eindeckung nötig.

***Oft genügt Folie***

Wenn Sie keine Exoten kultivieren wollen, die das ganze Jahr besonders günstige Wachstumsbedingungen unter Glas brauchen, sondern lediglich die Erntezeit empfindlicher Gemüse verlängern wollen, brauchen Sie kein Glashaus, sondern lediglich eine schützende **Folie**.

Aber auch bei der Auswahl der richtigen Folie sollten Sie Unterschiede beachten, damit das Kunststoffzelt nicht schon nach einer Saison zerbröselt.

Im Prinzip werden zwei verschiedene Folienarten angeboten. Dabei kommt häufiger die Polyethylenfolie (**PE-Folie**) als die Polyvinylchloridfolie (**PVC-Folie**) zum Einsatz. Denn PVC-Folien enthalten oft giftige Weichmacher und Chlor, das bei der Entsorgung zum Teil als Salzsäure entweicht.

Einfache Bau- oder Haushaltsfolien sollten Sie nicht hernehmen, zumal sie am Tageslicht schon nach wenigen Wochen brüchig werden. Zu empfehlen sind UV-Licht-stabilisierte PE-Gartenfolien, die jahrelang haltbar sind, wenn Sie vorsichtig damit umgehen. Besonders stabil sind so genannte »Gitterfolien«, die mit einem Kunststoffgewebe verstärkt wurden.

Die Haltbarkeit jeder Folie lässt sich verlängern, wenn Sie nur bei Bedarf aufgespannt bzw. auf das Beet gelegt wird. In der Zwischenzeit sollte sie aufgerollt (nicht falten!) unter Dach bereitliegen.

### *Kunststoffscheiben*

Stabile Folien sind oft genauso teuer wie leichte Kunststoffscheiben. Aus diesem Grund fällt die Entscheidung für die Eindeckung oft auf stabilere, starre Kunststoffe, zumal diese fast genauso leicht sind und keine besondere Tragkonstruktion erfordern.

Kunstglas- oder Lichtplatten werden entweder aus Polyesterharzen, aus Polyvinylchlorid, aus Polymethylacrylat oder aus Polycarbonat hergestellt. Polyesterharze verarbeitet man hauptsächlich zu glasfaserverstärkten Kunstglasplatten oder -rollen, die trüb oder durchsichtig sein können. Auch aus PVC werden Rollen und Platten in verschiedensten Stärken angeboten. Zudem gibt es Stegdoppelplatten, vorzugsweise aus Polycarbonat.

### *Ökotipp*

PVC-Folie und PE-Folie können Sie durch den Brenntest unterscheiden. Dazu zünden Sie jeweils ein Stück davon an. Während PE-Folie mit blauer, nach gelöschten Wachskerzen riechender Flamme verbrennt und abtropft, brennt PVC-Folie nur in der Flamme und riecht dabei stechend nach Chlorgas bzw. nach Salzsäure (die Gase nicht einatmen!).

***Folien eignen sich gut für den Bau solcher Tunnel***

Bei der Auswahl der Kunstglasplatten sollten Sie garantiert lichtbeständige Produkte bevorzugen. Diese sind eventuell mit anderen Kunststoffen vergütet, die das Glas vor frühzeitiger Alterung bewahren. Das Kunstglas muss außerdem temperaturbeständig sein. Keinesfalls dürfen durch die Wechselwirkung von Wärme und Kälte Spannungen oder Risse entstehen. Sowohl einlagige als auch die Stegdoppelplatten sind einfach zu bearbeiten. Eventuell sind Profilleisten zur Befestigung nötig.

***Gewächshaus mit Blankglas***

### *Blankglas/Klarglas*

Echtes Glas erfordert grundsätzlich eine tragfähige Gewächshauskonstruktion. Außerdem muss es vom Fachmann verarbeitet werden. Aus diesen Gründen kommen für den Gewächshausbau zunehmend Kunststoffe in Mode.

Glas hat diesen Eindeckmaterialien die besondere Dauerhaftigkeit voraus; es verrottet nicht und lässt sich leicht reinigen, wenn beispielsweise Algen die Lichtdurchlässigkeit einschränken.

Sie können zwischen Blankglas und Klarglas wählen. Blankglas hat glatte Oberflächen und ist durchsichtig. Dadurch dringt mehr Licht in das Gewächshaus. Das kann allerdings Verbrennungen der Pflanzen zur Folge haben, wenn nicht schattiert wird.

### *Undurchsichtiges Glas*

Klarglas hat eine genörpelte und eine glatte Seite und ist undurchsichtig. Es bricht die Sonnenstrahlen und lässt sie nicht direkt eindringen, sondern nur durchscheinen. Dadurch sind auch ohne Schattierung kaum **Verbrennungsschäden** an den Pflanzen im Gewächshaus möglich.

***Gewächshaus mit Klarglas***

# Baustoffe für Gewächshausrahmen

Als Traggestelle für Folien haben sich **Baustahlmatten** bewährt, die es in genormten Größen im Baustoffhandel zu kaufen gibt. Mithilfe eines Bolzenschneiders ist die Zerteilung der stabilen Gewebe in die benötigten Stücke möglich. Der Transport kann per PKW-Anhänger erfolgen. Auf Bestellung werden solche Matten aber auch geliefert. Das lohnt sich bei großen Stücken, zumal sie sperrig sind und scharfe Kanten haben.

Achten Sie beim Aufziehen der Folie darauf, dass sie nicht verletzt wird. Sie muss straff auf dem Metallgestell aufliegen, damit sie nicht an den Berührungsstellen scheuert. Das gelingt durch das Eingraben der Ränder oder durch Anhäufeln der Bodenberührungsstellen mit Erde.

Bei Verwendung eines Holzrahmens am Boden ist auch das Festheften mit Nägeln möglich, die große Köpfe haben sollten.

Baustahlgeflechte sind biegsam. Sie lassen sich recht einfach in die gewünschte Tunnelform bringen. Damit sie in Form bleiben, kann ein passender Holzrahmen vorgefertigt werden. Damit ist später auch der Transport oder die Umstellung der fertigen Gebäude problemlos möglich.

**Baustahl eignet sich für den Bau von Folientunneln**

***Sicherheitstipp***
Achten Sie beim Transport, beim Zuschneiden und beim Aufbauen auf Ihre Sicherheit und die Ihrer Mitarbeiter und tragen Sie Schutzhandschuhe.

### Kosten

Eine Baustahlmatte mit einer Größe von 5 m x 2,15 m kostet etwa 40 €. Ein m² Gitterfolie ist für ca. 4 € zu haben.

### Streichen oder Verzinken

Das rostige Stahlgeflecht sieht edler aus, wenn es nach dem Zuschneiden in einer Verzinkerei einen silbrigen Rostschutz bekommt. Adressen solcher Einrichtungen finden Sie im Telefonbranchenbuch. Der Preis pro kg beträgt etwa 1,50 €.

### Metallprofile

Es lohnt sich kaum, selbst einen Gewächshausrahmen aus **Aluminiumprofilen** zu bauen. Diese Winkelformteile, die im Metallhandel oder bei Fensterbaufirmen zu bekommen sind, werden entweder nach Gewicht oder als Meterware berechnet. Für einen gesamten Bausatz kommen etliche Teile zusammen, die im Preis nicht mit einem fertigen Bausatz zu vergleichen sind.

Allerdings sind **Winkelprofile**, Rohre oder andere Formteile aus Aluminium durchaus empfehlenswert, wenn etwa ein vorhandener Gewächshausbausatz erweitert oder umfunktioniert werden soll (siehe Arbeitsanleitung »Reihenhaus«) oder wenn leichte Fenster für ein Frühbeet nötig sind. Solche Fenster lassen sich beispielsweise aus Aluminiumwinkelprofilen und Stegdoppelplatten anfertigen.

Flache Aluminiumleisten eignen sich als Rahmen für Insektenschutznetze. Sie werden dazu im Schraubstock gebogen und dann nach dem Bohren mit Schrauben zusammengebaut. Zum Aufspannen der Kunststoffnetze dienen am besten kurze Drahtstücke aus Edelstahl oder kunststoffummantelter Bindedraht.

Aluminiumleisten oder Winkelprofile können auch bei der Verstärkung eines fertigen Gewächshauses nützlich sein, etwa wenn der Wind oder Nassschnee die leichten Stegdoppelplatten aus dem Rahmen gedrückt haben. Dann ist es mit wenigen Handgriffen möglich, Winkelprofile aus Aluminium einzusetzen, die den Kunststoffscheiben zusätzlichen Halt bieten. Aluminiumprofile eignen sich ebenso zur Anfertigung von Stellagen oder für Hängeborde im Gewächshaus.

### *Holz*

Als unverzichtbarer Baustoff für den Garten hat sich Holz in allen Arten und Formen bewährt. Beim Gewächshaus- und Frühbeetbau kommen Balken, Bretter und Latten unter anderem beim Rahmenbau, beim Anfertigen von Holzkästen oder bei der Herstellung von Tischen zum Einsatz. Gewöhnlich wird Fichtenholz verwendet. Haltbarer sind jedoch Hölzer aus Lärche oder Robinie.

### *Beton*

Ein wichtiger Baustoff beim Gewächshaus- und Frühbeetbau ist Beton. Dieses Gemisch aus Kies, Zement und Wasser (zum Anmischen) ist frisch beliebig formbar und wird nach dem Aushärten steinhart.

***Aluleisten als Verstärkung***

Beton verrottet nicht. Der graue Kunststein hat sich deshalb für den Bau tragfähiger und ausdauernder Fundamente bestens bewährt. Dazu können entweder fertige Formteile von der Industrie dienen oder aber selbst gegossene Sockel, die man mithilfe einer Holzschalung herstellt.

Wer das graue Industrieprodukt nicht mag, kann es mit Fassadenfarbe freundlicher gestalten. Allerdings sitzen die Fundamente ohnehin fast unsichtbar im Boden und stören wenig.

Gewächshaus-Bausatz

Holz für den Gewächshausbau

Ein Anstrich ist unter Umständen bei Frühbeetkästen aus Beton zu empfehlen. Allerdings sind Gewächshäuser und Frühbeete ohnehin keine Schmuckstücke im Garten. Sie entstehen – falls möglich – an abgelegenen Plätzen. Außerdem tragen die Pflanzen, die unter Glas gedeihen, zur Dekoration bei.

### Natursteine und Ziegel

Ansehnlicher und ebenso verrottungsfest wie Beton sind Natursteine und Ziegel, die ebenfalls für den Fundamentbau oder auch zum Pflastern verwendet werden. Beton und Ziegel lassen sich im Übrigen gut kombinieren. So können beispielsweise Punktfundamente aus Betonrohren geschaffen werden, während die Pflasterung oder der Wegbau im Gewächshaus mit Ziegeln erfolgt. Gleichermaßen lassen sich Streifenfundamente aus Beton mit niedrigen Trockenmauern aus Natursteinen kaschieren.

### Bausätze

Die Gewächshausbausätze bestehen meistens aus Aluminiumprofilen, die mit Glas oder Kunststoff eingedeckt werden. Neben den gebräuchlichen Gebäuden mit rechteckigem Grundriss sind auch Bausätze für runde, ovale oder andere Formen zu bekommen. Deren Rahmen bestehen aber gleichermaßen aus Aluminium.

Alternativ zu Stegdoppelplatten oder Klarglasscheiben lassen sich exklusive Bausätze mit Sicherheitsglas ausstatten, das bei Bruchschäden nicht zersplittert, sondern wie bei Windschutzscheiben an der Folie haften bleibt.

**Ökotipp**

Ein Holzschutz mit giftigen Imprägniermitteln ist beim Bau von Frühbeetkästen, Gewächshaustischen und anderen einfachen Elementen nicht nötig. Die Holzbauteile bleiben auch ohne Schutz viele Jahre lang funktionsfähig und lassen sich leicht wieder ersetzen, sobald sie morsch werden. Im Übrigen verhindert auch eine Imprägnierung die Verrottung nicht. Besser bewährt hat sich der konstruktive Holzschutz etwa durch eine luftige und Wasser abweisende Befestigung der Holzbauteile mit Kunststoffscheiben oder durch das Unterlegen von Ziegeln.

# Regenwasser nutzen

Am Haus sind Regensammler schon lange gebräuchlich. Das Wasser wird dabei in unterirdische Zisternen oder in Regentonnen geleitet. Das kann natürlich auch am Gewächshaus geschehen. Die Wassermenge von der kleinen Dachfläche ist zwar wesentlich geringer, dennoch kommt das weiche Regenwasser den Pflanzen im Haus zugute.

Das Wasser wird auch hier entweder in Regentonnen oder aber direkt nach drinnen geleitet. Die Technik ist einfach und bei den meisten handelsüblichen Gewächshaustypen problemlos zu verwirklichen: Es werden lediglich die Dachrinnen beiderseits von innen durchbohrt.

Mehrere Bohrungen begünstigen die Verteilung und machen die direkte Zuleitung an einzelne Pflanzen (z. B. an Tomaten) möglich. Dann sind jedoch Trennstege in den Regenrinnen nötig, damit das Wasser gleichmäßig verteilt wird und dieselbe Menge in jede Bohrung läuft. Die Regenrinnen müssen vorne und hinten verschlossen werden, damit das Wasser nach innen fließt und nicht nach außen abläuft.

Die weitere Wasserleitung erfolgt mittels Kunststoff- oder Kupferrohren (gibt es im Heizungsbauhandel). Diese werden in die Bohrungen gesteckt und mit Kleber befestigt.

Statt dieses Leitungssystems ist natürlich auch das Sammeln des Wassers in einem zentralen Behälter möglich, aus dem das Wasser dann geschöpft oder mithilfe von Kunststoffschläuchen und Ventilen an die Pflanzen geleitet wird. Solche Bewässerungssysteme werden von verschiedenen Herstellern angeboten.

***Anzapfen der Dachrinne***

***Hier wird Wasser in einem Behälter gesammelt***

# Einrichtung je nach Art der Nutzung

**Gewächshaustisch**

Nach dem Glashausbau liegt der Innenraum noch brach. Jetzt wird über die zukünftige Nutzung dieser geschützten Anbaufläche entschieden. Allerdings müssen Sie sich nicht auf eine starre Einrichtung für eine bestimmte Pflanzenkultur festlegen, denn wandelbare Tische und Hängebretter lassen Variationsmöglichkeiten zu.

Bei der Einrichtung sollte man auch die Qualität des Glashauses und die finanziellen Möglichkeiten berücksichtigen. So wird ein leichtes Glashaus ohne Heizung selbstverständlich anders ausgebaut als z.B. ein vollklimatisierter Glasbau mit Heizung, Lüftung, Bewässerungsanlage und Luftbefeuchtungssystem. Die Art der Nutzung sollte deshalb schon vor dem Glashausbau in die Planung einbezogen werden.

Zunächst ist es wichtig, das Glashaus gut zugänglich zu machen. Deshalb wird anfangs ein Weg geplant und befestigt. Gewöhnlich führt der Weg von der Türe zur Rückseite des Glashauses, sodass alle Fenster, Belüftungsanlagen etc. leicht zu erreichen sind. Dabei wird die Bodenfläche in zwei Teile gegliedert.

### Wege

Die Breite und die Befestigung des Weges ist von der Einrichtung abhängig. In einem einfachen Glashaus ohne Tische genügt ein etwa 30 cm breiter Mittelweg, von dem die seitlichen Erdbeete gut zu erreichen sind. Wenn Tische eingebaut werden, sollte der Weg mindestens 50 cm breit sein, damit man problemlos ein Pflanzentablett transportieren kann. Besser wäre ein Weg mit 80 cm Breite, der das Befahren mit einer Schubkarre zulässt.

Der Weg sollte wenigstens mit einem Lattenrost befestigt sein, damit man trockenen Fußes darauf laufen kann. Stattdessen können Sie auch Platten oder Klinker verlegen oder winkelförmige Betonfertigteile aneinander reihen.

### Pflanztische

Für die Vermehrung und Pflege jeder Art von Pflanzen und für die Kultur von Topfpflanzen sollte ein Tisch bereit stehen. Im Kleingewächshaus genügt oft schon ein einfacher Holztisch, der an einer Seitenwand entlang gebaut wird und nur einen geringen Teil der Fläche einnimmt.

Darauf kann man z.B. Stecklinge schneiden, Pflanzen eintopfen oder andere Gartenarbeiten erledigen. Die übrige Fläche steht dann für den Gemüseanbau, für die Überwinterung von Topfpflanzen oder für andere Kulturmaßnahmen zur Verfügung.

Sie können Ihr Glashaus aber auch »professionell« einrichten, indem Sie beidseitig zwei stabile Pflanztische bauen oder – wenn Sie ein besonders breites Glashaus besitzen – indem Sie zwei Seitentische und einen Mitteltisch konstruieren.

**_Profitipp_**
Wenn Sie noch nicht schlüssig sind, wie Sie Ihr Gewächshaus nutzen wollen, genügt zunächst eine primitive Einrichtung, die leicht aus Holzböcken und Tischlerplatten gebaut werden kann. Während der ersten Saison zeigt sich dann, ob Sie Gemüse oder Zierpflanzen kultivieren oder eine Mischkultur betreiben wollen. Dementsprechend wird das Haus ausgebaut.

Die Tischfläche wird auf die Gewächshausgröße abgestimmt. Im Erwerbsgartenbau sind Seitentische maximal 1,10 m und Mitteltische maximal 2,20 m breit. Die übliche Tischhöhe misst 70 bis 80 cm. In dieser Höhe kann man bequem im Stehen oder auch im Sitzen gärtnern.

Die Tische sollten am Gewächshausrahmen befestigt sein oder auf stabilen Stützen stehen, damit auch der Raum unter den Tischplatten nutzbar ist.

Sie können sowohl starre als auch bewegliche Tische bauen. Bewegliche Tische mit Klappmechanismus werden bei Bedarf zur Seite geklappt, um den Boden z. B. für den Gemüseanbau zu nutzen.

Wenn Sie Stauraum für Töpfe und Gartenbedarf brauchen, sollten Sie unter den Arbeitsplatten Halteleisten festschrauben und Regalbretter einlegen. Wenn der Raum anders genutzt werden soll, nimmt man die Bretter einfach wieder heraus.

Die Gewächshaustische können aus Holz oder aus Metall gebaut werden. Fertigelemente für das Glashaus bestehen meist aus Aluminiumwinkelprofilen mit gefalzten Einlegeböden.

Die Einlegeböden dienen auch als Pflanzflächen bzw. Pikierkisten. Sie eignen sich für die Anstaubewässerung. Dazu werden spezielle Vliesmatten eingelegt, die mit Wasser getränkt sind. Diese versorgen die Topfpflanzen mehrere Tage mit Feuchtigkeit.

**_Hängebretter_**
Zusätzliche Stellflächen können Sie durch Hängebretter schaffen, die mit Bügeln an den Wänden befestigt oder frei schwebend am Dach aufgehängt werden. Diese Hängebretter bieten ideale Bedingungen für die Kultur von lichtbedürftigen Pflanzen. Man kann sie aber genauso gut auch als Ablagefächer nutzen.

Die Hängebretter sollten mobil sein, damit man sie jederzeit umbauen oder entfernen kann, wenn sie stören. Sie können statt der leichten Fertigelemente auch eigene Hängebretter bauen.

Achten Sie aber auf die Traglast der Gewächshauskonstruktion, wenn Sie die Bretter am Rahmen befestigen!

***Ein Hängeregal montieren***

# Die wichtigsten Werkzeuge

Auf diesen beiden Seiten finden Sie Kurzbeschreibungen der wichtigsten Werkzeuge, die Sie benötigen, um selbst Gewächshäuser und Frühbeete bauen zu können. Welche davon Sie für die einzelnen Arbeitsgänge und -anleitungen brauchen, ersehen Sie aus den Abbildungen unter der Rubrik »Werkzeug« bei den Arbeitsanleitungen.

### *Werkzeuge zum Messen*

**1 Meterstab:** Ein unentbehrliches Hilfsmittel, um Maße zu bestimmen und zu übertragen.

**2 Bandmaß:** Dieses flexible Metermaß ermöglicht auch das Messen auf unebenem Gelände.

**3 Richtlatte:** Wichtig zum Überbrücken und Justieren; dient auch als Verlängerung der Wasserwaage.

**4 Wasserwaage:** Ist nötig zum exakten Bestimmen senkrechter und waagrechter Linien, Ebenen usw.

**5 Winkelmaß:** Um verschiedene Winkel beispielsweise auf Holz übertragen zu können, benötigen Sie ein Winkelmaß.

### *Werkzeuge für Erdarbeiten*

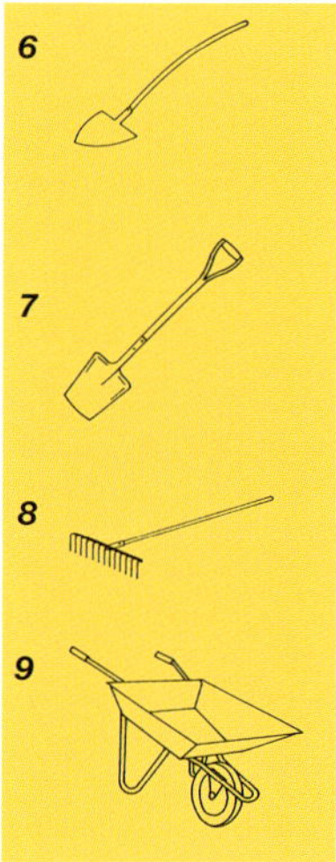


**6 Schaufel:** Zum Graben, Auskoffern und Befördern von Substraten und Baustoffen ist eine Schaufel unentbehrlich.

**7 Spaten:** Zum Auskoffern und für Pflanzarbeiten brauchen Sie einen Spaten.

**8 Rechen:** Zum Planieren der Erde ist ein Rechen nötig.

**9 Schubkarre:** Für den Transport von Erde und Baumaterial. Die Schubkarre lässt sich auch zum Mörtelmischen nutzen.

### *Geräte und Hilfsmittel zum Bearbeiten verschiedener Baustoffe*

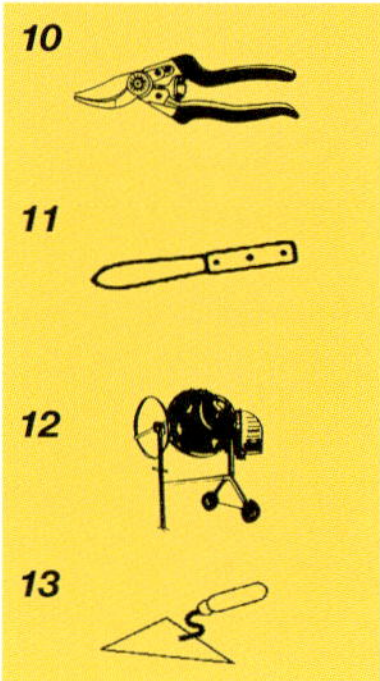


**10 Schere:** Zum Schneiden der Folien.

**11 Messer:** Mithilfe einer Messlatte zum Schneiden exakter Kanten.

**12 Kelle:** Zum Verteilen und Glätten des Mörtels.

**13 Abziehbrett:** Zum Glätten von Beton.

14 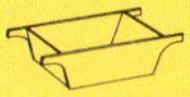

**14 Mörtelwanne:** Zum Anmischen von Beton oder Mörtel.

15 

**15 Malerbürste:** Zum flächigen Auftragen von Farbe.

16 

**16 Pinsel:** Zum Streichen von Holz und anderen Bauteilen.

17 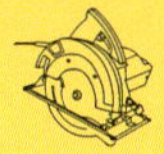

**17 Handkreissäge:** Für den Zuschnitt von Holzbauteilen und Kunststoffscheiben.

18 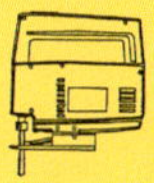

**18 Stichsäge:** Zum Zuschneiden von Latten und Brettern, insbesondere für kreisförmige Ausschnitte. Mit Metallsägeblättern auch zum Abtrennen von Aluminiumprofilen.

19 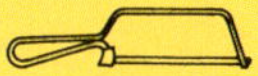

**19 Bügelsäge:** Für den Zuschnitt von Balken oder auch zum Abtrennen von Holzbauteilen.

20 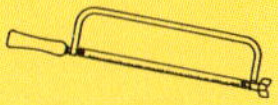

**20 Eisensäge:** Zum Abtrennen und Zuschneiden der Aluminiumprofile; auch zum Schneiden von Kunststoffscheiben.

21 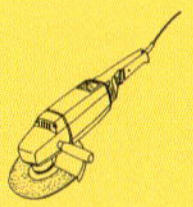

**21 Winkelschleifer:** Für den Trockenschnitt von Steinmaterialien oder auch zum Abtrennen von Metall.

22 

**22 Hammer:** Für alle Arbeiten in Haus und Garten.

23 

**23 Stechbeitel:** Für das Ausstemmen von Kerben bei Holzverbindungen.

24 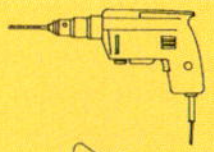

**24 Bohrschrauber:** Unverzichtbares Gerät für alle Bohr- und Schraubarbeiten.

25 

**25 Kabeltrommel:** Für die Stromversorgung auf der Baustelle mit Verlängerungskabel.

26 

**26 Stehleiter:** Für Arbeiten am Dach.

27 

**27 Betonmischer:** Zum Fertigen von großen Mengen Beton oder Mörtel.

28 

**28 Schraubendreher:** Zum Anziehen von Schrauben.

29 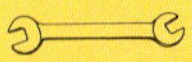

**29 Schraubenschlüssel:** Zum Montieren von Bauteilen.

30 

**30 Schraubzwingen:** Zum Fixieren der Werkstücke beim Bearbeiten.

31 

**31 Stift:** Zum Markieren der Bauteile.

# Solide Basis für Gewächshäuser

**Streifenfundament für ein Gewächshaus**

**Der Rahmen wird am Fundament befestigt**

### Punktfundamente

Für die Errichtung von Punktfundamenten haben sich Betonrohre bewährt, die es in verschiedenen Größen im Baustoffhandel gibt. Sie lassen sich in den Boden einsenken, mit frischem Beton vollfüllen und dienen als tragfeste und völlig verrottungssichere Punktfundamente für Gewächshäuser. Die schmalen, langen Rohre (z. B. mit 20 cm Durchmesser und 100 cm Länge) ersparen viel Beton und gründen in frostsicherer Tiefe.

Damit der Gewächshausrahmen beziehungsweise das Metallfundament auf ganzer Länge aufliegt, können Fensterstürze zur Überbrückung verwendet werden. Diese Betonriegel, die es im Baustoffhandel in verschiedenen Längen gibt, sind mit **Stahlstangen** bewehrt und verhältnismäßig bruchsicher. Dennoch sollten sie nach dem Auflegen mit Steinen oder mit Erde unterfüllt werden.

Zum Befestigen auf den Betonrohren jeweils an den Ecken eignet sich Mörtel oder Fliesenkleber. Die Anzahl der einzelnen Punktfundamente richtet sich nach der Größe des Gewächshauses und nach der Länge der Fensterstürze.

***Streifenfundamente***

Schmale Betonfundamente sind beispielsweise für den Bau von Mauern oder Sichtschutzwänden als tragfähige Unterbauten nötig. Diese Fundamente können aber auch als massive Sockel für Gewächshäuser dienen.

Dazu wird ein schmaler Graben ausgehoben und mit Beton gefüllt. In dieses Fundament lassen sich anschließend Betonsteine oder Betonformteile (z. B. Beeteinfassungsplatten) setzen.

Eine Richtschnur, die vorher gespannt wurde, gibt die Höhe vor. Wenn eine Schalung aus Holz gebaut wird, bleibt das Aufmauern mit Betonsteinen oder das Einsetzen von Betonformteilen erspart (siehe auch Arbeitsanleitung »Reihenhaus«).

***Massive Fundamente***

Ein Gewächshaus, das beispielsweise als Arbeitsraum genutzt wird, braucht ein ganzflächiges Fundament.

Der Aufbau des Unterbaus erfolgt wie bei einem Belag mit Pflastersteinen (Erde ausheben, Schotter einfüllen und verdichten). Allerdings kommt auf den Schotter kein Splitt, sondern eine massive, ca. 20 cm dicke Betondecke.

Die Fläche wird dabei mit einer **Holzschalung** eingefasst, die den frischen Beton in Form hält, bis er austrocknet und härtet. Zur Bewehrung dienen Baustahlmatten. Sie verhindern Risse im Beton.

Der frische Beton wird nach dem Einfüllen mit einer Richtlatte abgezogen, sodass eine glatte, ebene Fläche entsteht. Darauf lassen sich nach dem Aushärten auch Fliesen legen.

***Betonformteile***

***Schalung zum Betonieren eines Fundaments***

# Holz und Metall richtig bearbeiten

Holz für den Frühbeetbau

### Holzbearbeitung

Die Bearbeitung von Balken, Latten oder anderen Holzbauteilen erfolgt mit gebräuchlichen Werkzeugen.

Es lohnt sich allerdings, das Holz für ein Gewächshaus oder Frühbeet bereits beim Sägewerk oder in der Schreinerei in den benötigten Längen zu bestellen.

Bei Verwendung von Meterware muss das Holz erst auf das passende Maß gebracht werden. Dabei ist eine Tischkreissäge hilfreich. Genauso gut kann der Zuschnitt mit einer Handkreissäge erfolgen, wenn das Holz auf einem Sägebock oder einer anderen stabilen Unterlage aufliegt. Der Zuschnitt von Brettern oder Latten ist auch mit einer Stichsäge zu schaffen, Balken können mit einer Bügelsäge von Hand auf das gewünschte Maß gebracht werden.

Exakte Schnittkanten kommen zustande, wenn die Schnittstellen mithilfe eines Schreinerwinkels rundherum mit einem Stift angezeichnet werden. Dann lässt sich die Säge zunächst an einer Seite ansetzen.

Der erste Sägeschnitt dringt entlang der Markierung etwa einen Zentimeter tief ins Holz ein. Nach der Drehung des Balkens erfolgt der zweite Schnitt ebenso tief. Dann kommt die dritte und schließlich die vierte Seite an die Reihe.

Auf diese Weise wird der Balken durch mehrmaliges Drehen und Einsägen an allen Seiten glatt durchtrennt, zumal das Sägeblatt eine Führung durch die vorherigen Einschnitte hat. Anders als bei einem einzigen Durchschnitt entsteht eine glatte Schnittfläche, die exakt rechtwinklig ist.

Meterstab, Stift und Kreissäge zur Holzbearbeitung

*Baustahl abtrennen*

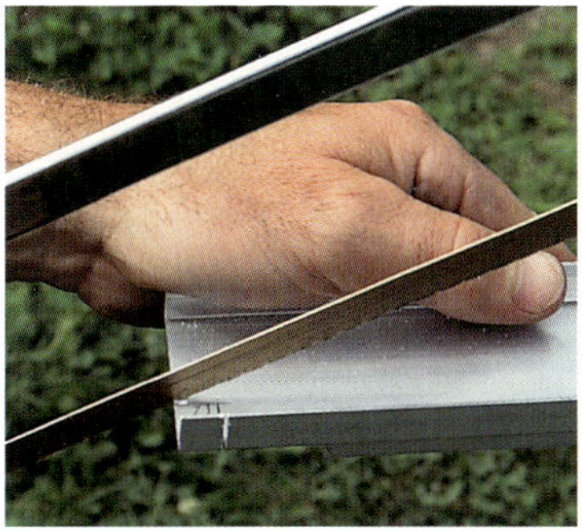

*Metall zurichten*

*Aluprofil sägen*

### Metallbearbeitung

Die Bearbeitung von Metallprofilen, Baustahlmatten oder Blechen ist nur mit geeigneten Werkzeugen zu bewerkstelligen. So lassen sich Baustahlmatten vorzugsweise mit einem Bolzenschneider auf das passende Maß bringen.

#### Sicherheitstipp

Bei allen Arbeiten mit Elektrogeräten wie Kreissäge, Kettensäge und Winkelschleifer sind die Sicherheitsvorschriften einzuhalten. Keinesfalls dürfen zur Arbeitserleichterung Schutzvorrichtungen entfernt werden. Nicht zu vernachlässigen ist das Tragen von Schutzbrille, Gehörschutz und Handschuhen.

Der Zuschnitt einzelner Baustahlstangen ist auch mit einem Winkelschleifer oder mit der Eisensäge möglich. Dazu sollten die Werkstücke gut eingespannt sein. Nach dem Zuschneiden oder Abtrennen bleiben scharfe Grate, die mit der Feile zu beseitigen sind.

Eigenkonstruktionen aus Aluminium (siehe Arbeitsanleitung »Reihenhaus«) sind sehr aufwendig und erfordern viel Zeit, zumal die Profile passend zugeschnitten und fest montiert werden müssen.

Der Zuschnitt ist mit einer Eisensäge machbar. Stabile Verbindungen kommen zustande, wenn die Werkstücke vorgebohrt und dann mit passenden Schlüsselschrauben montiert werden.

*Montage mit Schrauben*

# Der Umgang mit Glas und Kunststoffen

**Die Kunststoffscheibe sägen ...**

**Schrauben eindrehen**

**... und die Scheibe befestigen**

## Eindecken mit Glasscheiben

Die meisten Gewächshausbausätze sind wahlweise mit **Glasscheiben** oder **Stegdoppelplatten** zu bekommen. Die Aluminiumprofile sind für beide Eindeckungen vorbereitet. Für Glasscheiben sind Gummistreifen dabei, die auf schmale Stege am Gewächshausrahmen gedrückt werden. Sie bilden ein Polster zwischen dem Metallrahmen und den Scheiben. Zum Festhalten der Scheiben dienen Federstahlklammern, die einfach im Rahmen eingeklinkt werden.

Das Einglasen erfolgt von unten nach oben, wobei die oberen Scheiben in kleinen Blechhaken sitzen, die jeweils in die unteren Scheiben eingehängt werden. Diese dachziegelartige Einglasung schützt sicher vor Regenwasser.

Es gibt allerdings je nach Hersteller unterschiedliche Systeme. Zur Erklärung der Arbeitstechnik liegen Zeichnungen bei. Manchmal gibt es auch eine Videokassette, die alle Arbeitsschritte zeigt.

## Eindecken mit Stegdoppelplatten

Genauso wie die Blank- oder Klarglasscheiben sind die Stegdoppelplatten bereits auf das passende Maß zugeschnitten. Sie lassen sich leicht zwischen die Gewächshausprofile einsetzen und – je nach Bauart – beispielsweise mit Gummileisten oder mit Klammern befestigen. Zu beachten ist, dass die Scheiben nur auf einer Seite eine UV-Licht-stabile Beschichtung haben. Diese Seite muss jeweils nach außen gerichtet sein.

Bei einer Gewächshaus-Eigenkonstruktion, die eine Eindeckung mit Stegdoppelplatten erhält, sollten die Scheiben vom Hersteller in der passenden Größe geliefert werden. Am einfachsten sind die richtigen Maße zu bekommen, wenn das Holz- oder Metallgerüst bereits fertig gestellt ist. Dann lassen sich die Fensterflächen einfach am Gebäude ausmessen und in eine Skizze oder Liste eintragen. Damit ist eine Bestellung möglich.

Der Zuschnitt der Stegdoppelplatten oder auch anderer Kunststoffscheiben ist – falls nötig – mit einer Kreissäge oder Stichsäge mit feinem Sägeblatt möglich. Damit exakte Schnittkanten entstehen, sollte das Werkstück auf einer ebenen Fläche (z. B. auf einer Werkbank) aufliegen oder auf einem Sägetisch bearbeitet werden.

Auch Bohrungen sind mit gewöhnlichen Werkzeugen machbar. Es empfiehlt sich – falls möglich – stets an einem Steg zu bohren, um Beschädigungen der Scheiben zu vermeiden.

### *Zerbrochene Glasscheibe ersetzen*

Die handelsüblichen Kleinglashäuser sind zwar leicht, aber doch recht stabil gebaut. Beim Hantieren mit Töpfen und Werkzeugen bricht allerdings gelegentlich eine

***Handschuhe bieten Sicherheit***

Scheibe. Wechseln Sie eine gebrochene Scheibe umgehend aus, damit sich niemand verletzt.

Viele Gewächshäuser sind mit Klarglas beziehungsweise Nörpelglas (Blankglas) eingedeckt. Üblich ist eine Glasstärke von 3 mm. Beide Glasarten sind beim Gewächshaushersteller oder beim Glaser erhältlich. Auf Bestellung bekommen Sie Ersatzscheiben in der entsprechenden Größe. Am besten erwirbt man bereits beim Glashauskauf einige Scheiben für den Notfall.

***Drahtklammern ausklinken***

***Befestigungsschrauben lösen***

**Holzrahmen montieren**

**Platte einsetzen**

**Bauteile für den Glastisch**

Sie können die Ersatzscheiben aber auch leicht selbst zuschneiden, wenn Sie entsprechendes Glas haben. Dazu sind eine glatte Unterlage, die am besten mit Filz bedeckt wird, ein Schreinerwinkel oder eine Holzleiste und ein Glasschneider nötig.

Zunächst muss die zerbrochene Scheibe ausgebaut werden. (Beseitigen Sie dabei gleich alle Glassplitter am Boden.) Bei den handelsüblichen Glashäusern sind die Scheiben nur mit jeweils zwei **Federstahlklammern** befestigt und in zwei **Stahlblechklammern** eingehängt. Die Drahtklammern lassen sich leicht mit einem Schraubendreher ausklinken. Danach kann die Scheibe abgenommen werden. An der Tür und bei anderen verstärkten Rahmenteilen müssen zusätzlich zwei Befestigungsschrauben gelöst werden.

Zum Zuschneiden einer Ersatzscheibe wird das Maß auf eine Glasplatte übertragen. Dann ritzt man die Platte an einer Seite an den Messlinien ein. Ziehen Sie den Glasschneider mit festem Druck mehrmals gleichmäßig durch. Die Scheibe lässt sich dann leicht an der Tischkante brechen. Nach dem Einsetzen der neuen Scheibe müssen nur noch die Drahtklammern eingeklinkt und eventuell die Befestigungsschrauben vorsichtig angezogen werden.

### *Glashaustische selbst bauen*

Als Stellflächen oder Arbeitstische sind im Glashaus **Glastische** günstig, weil sie kein Licht wegnehmen. Sie werden nach Maß aus Konstruktionshölzern und kurzen Brettstücken gebaut. Zur Stabilisierung dienen dreieckige Profile aus Brettern. Diese werden ebenso wie die Seitenbretter ein wenig überstehend befestigt, sodass ein Rahmen für die Glastischplatte entsteht. Als Glastischplatten sind Verbundglasscheiben zu empfehlen, die auf Bestellung von einer Glaserei geliefert werden.

# *Bodengüte und -art bestimmen*

Wie im Freiland ist das Wachstum der Pflanzen natürlich auch in Gewächshäusern und Frühbeeten vom Boden abhängig. Es lohnt sich, den Zustand nach dem Bau und auch später regelmäßig zu kontrollieren. Die Untersuchungsergebnisse machen dann gezielte Verbesserungen oder bestimmte Bepflanzungen möglich.

Gewöhnlich gleichen die Böden unter Glas den Freilandböden, da die Gewächshäuser auf vorhandene Beete gebaut oder nach dem Aufstellen mit eigener Gartenerde gefüllt werden. Dementsprechend unterscheidet sich die Bodenart zunächst nur wenig. Erst mit den Jahren verändert sich der Zustand, zumal die Beete unter Glas intensiv kultiviert und mit Kompost, Düngemitteln und anderen Hilfsstoffen angereichert werden.

Umso mehr sind in Gewächshäusern und Frühbeeten Untersuchungen nötig. Sie unterscheiden sich in der Praxis nicht von Bodenproben im Freiland.

### *Bodenbestimmungen*

Die Bodenart und der Zustand haben eine ganz entscheidende Wirkung auf die Verfügbarkeit der **Nährstoffe**. So sind etwa in schweren **Lehmböden** reichlich Nährstoffe eingelagert. Sie kommen aber den Pflanzen, die darauf wachsen, nur langsam zugute. Es heißt, Lehmboden ist geizig, denn er gibt die Nährstoffe nur langsam ab. Sie sind fest an die Bodenteilchen (Kolloide) gebunden.

Das hat allerdings den Vorteil, dass die Gefahr einer Überdüngung geringer ist als etwa bei **Sandböden**. Diese leichten Böden haben keine Speicherfähigkeit. Sandige Böden enthalten deshalb auch weniger Nährstoffe als beispielsweise Lehmboden.

Neben Sand- und Lehmboden kommt eine dritte Bodenform häufig in Gärten und damit auch in Gewächshäusern vor: Humus. **Humusböden** unterscheiden sich von Lehm- oder Sandböden, die vorwiegend mineralische Bestandteile beinhalten, durch einen hohen Gehalt an organischen Stoffen. Reifer Kompost ist beispielsweise eine reine Humusform.

Auch so genannter »Mutterboden« ist reich an organischen Stoffen. Er enthält allerdings je nach Lage auch Sand, Lehm oder Steine.

***Bodenprobe nehmen***

### *Einfache Untersuchungen*

Wie der Boden im Garten beschaffen ist, kann man ganz einfach durch so genannte Handproben feststellen: Lehmiger Boden lässt sich kneten und zu einer Wurst rollen, Sandboden rieselt durch die Finger, Humus ist weich und faserig. Meistens liegen allerdings Mischungen vor.

Ein Gartenboden, der aus verschiedenen Stoffen zusammengesetzt ist, lässt sich mithilfe einer **Wasserprobe** oder **Schlämmprobe** bestimmen.

***Bodenverbesserung mit Kompost***

Ein Löffel davon in einem Glas Wasser aufgelöst zeigt die Zusammensetzung an: Die Sandanteile sinken nach einer Weile zu Boden, die Humusteilchen schwimmen oben auf und die Lehmteile schweben im Wasser und bilden eine trübe Brühe.

Je nach Anteilen wird so sichtbar, ob es sich in Ihrem Gewächshaus beispielsweise um einen sandigen Lehmboden mit Humusgehalt handelt, einen lehmigen Sandboden mit Humus oder um eine andere Bodenart.

***Bodenanalysen***

Das Messen des Säuregrads beziehungsweise des Kalkgehalts (pH-Wert-Messung) ist ganz einfach mit Testsets aus dem Gartenfachhandel möglich. Solche Minilabors gibt es auch zum Messen des Stickstoffgehalts (Nitrattest). Damit lassen sich – neben der Hand- und Wasserprobe – weitere Erkenntnisse sammeln.

Eine umfassende Bodenuntersuchung ist jedoch nur in einem **Labor** möglich. Das kann ein privates Unternehmen oder eine staatliche Untersuchungsanstalt sein. Adressen hat das zuständige Gartenamt.

Zur Prüfung sind ungefähr 500 Gramm Gartenboden nötig. Dazu wird die entsprechende Menge in eine Tüte gepackt und an das zuständige Labor geschickt. Anleitungen, Verpackungsmaterial und eine Preisliste liefert Ihnen das Untersuchungslabor.

***PH-Wert***

Dieser Fachbegriff aus der Chemie ist die lateinische Abkürzung von potentia hydrogenii und bedeutet Potenz des Wasserstoffs. Der pH-Wert ist eine Messzahl für den Säuregrad einer Substanz.

Die Säurewirkung wird von positiv geladenen Wasserstoffteilchen und negativ geladenen Hydroxidionen verursacht. Der pH-Wert zeigt das Verhältnis an. Die Werte reichen von 0 bis 14. 0 ist sehr sauer, 14 sehr alkalisch (basisch). Bei 7 ist das Verhältnis ausgeglichen oder neutral.

Die meisten Garten- und Gewächshausböden sind neutral oder leicht alkalisch und damit für

**pH-Wert-Tabelle**

| 0 3 | 4 5 | 6 7 | 8 9 | 10 |
|---|---|---|---|---|
| extrem sauer | stark sauer | neutral | stark alkalisch | extrem alkalisch |

Zum Vergleich einige Werte: Essig hat einen pH-Wert von 3, Wasser liegt im neutralen Bereich um 7. Torf ist sauer bei 4 – 5, Düngekalk alkalisch (ca. 8). Gartenkompost hat einen Wert zwischen 6,5 und 8.

fast alle Pflanzen verträglich. Nur wenige Böden wirken sauer (z. B. Torf) oder alkalisch (z. B. Kalkmergel). Sie lassen sich durch Kalkgaben beziehungsweise durch Torf neutralisieren.

***Magerer Boden, fetter Boden***

Schon beim Anblick sind Eigenschaften eines Bodens erkennbar. Lehmboden glänzt speckig und wird daher auch als fetter Boden bezeichnet. Er ist meistens reich an Nährstoffen. Sandboden lässt sich als magerer Boden erkennen. Sand hat nur ein geringes Speichervermögen und enthält dementsprechend wenige Nährstoffe.

Die Farbe sagt allerdings wenig über den Wert eines Bodens aus! So kann ein rötlicher Lehmboden nährstoffreicher sein als ein dunkelbrauner Humusboden. Genaue Angaben sind diesbezüglich ausschließlich mithilfe von Nährstoffanalysen möglich.

***Zeigerpflanzen***

Schnelle Rückschlüsse auf den Zustand des Bodens und den pH-Wert erlauben typische Pflanzen, so genannte »Zeigerpflanzen«. Sie siedeln sich vorzugsweise auf bestimmten Böden an. So weist etwa der Huflattich eindeutig auf einen hohen Kalkgehalt hin. Die Brennnessel zeigt wiederum einen typischen Humusboden mit hohem Nährstoffgehalt an, und die Ackerdistel macht erkennbar, dass der Boden lehmig und offenbar verdichtet ist.

***Häufige Zeigerpflanzen***

| Art | Hinweis |
|---|---|
| Huflattich | Hoher Kalkgehalt |
| Brennnessel | Humusboden, hoher Stickstoffgehalt |
| Löwenzahn | Nährstoffreicher Lehmboden |
| Ackerdistel | Nährstoffreicher Lehmboden |
| Vogelmiere | Humusboden, hoher Nährstoffgehalt |
| Franzosenkraut | Humusboden, hoher Nährstoffgehalt |

Auch unter Glas siedeln sich jeweils bestimmte Pflanzen an. So weist beispielsweise die Vogelmiere auf nährstoffreichen, humosen Boden hin.

***Bodenverbesserungen***

Anhand der eigenen Bodenbestimmungen oder mithilfe des Untersuchungsergebnisses vom Labor können gezielte Bodenverbesserungen durchgeführt werden – falls nötig. Dabei sind natürlich auch nicht messbare, aber dennoch ungünstige Verhältnisse zu verändern.

So vertragen nur wenige Gartenpflanzen Bodenverdichtungen. Diese erschweren auch den Pflanzen im Gewächshaus die Wurzelbildung und hemmen das Wachstum. Häufig bilden sich auf Verkrustungen durch ständige Nässe auch Algen oder Schimmelpilze.

Sie schaden normalerweise nicht und werden im Zuge der Bodenverbesserung eingegraben. Das geschieht mit dem Spaten oder einer Grabegabel. Bei der Gelegenheit kann ein geeignetes Bodenverbesserungsmittel (z. B. Sand) eingearbeitet werden.

# Gewächshaus je nach Pflanzenart

Die Nutzungsmöglichkeiten eines Gewächshauses sind wesentlich von der Beschaffenheit und technischen Ausstattung abhängig. So macht nur ein **Warmhaus** mit Isolierverglasung und vollautomatischer Lüftung, Heizung, Beleuchtung, Schattierung sowie einer Sprühnebelanlage die Kultur von tropischen Pflanzen möglich, da diese rund ums Jahr ein konstantes Klima brauchen.

Immerhin bietet auch ein weniger gut ausgestattetes Glashaus (also ohne Sprühnebelanlage und dergleichen) noch günstige Wachstumsbedingungen für viele Pflanzenarten, wenn es beheizbar ist.

Im **Kalthaus** lassen sich beispielsweise Kübelpflanzen überwintern, Jungpflanzen vermehren und Kakteen kultivieren, zumal es durchaus temperiert ist.

Allerdings ist die Beheizung eines Gewächshauses auch aus ökologischen und ökonomischen Gründen stets bedenklich und lohnt sich grundsätzlich nur bei gut isolierten Gebäuden – ausgenommen natürlich Mistbeetkästen oder ähnliche Systeme mit ökologisch unbedenklichen Wärmequellen.

***Heizung lohnt sich nicht immer***

Bei Gewächshäusern mit einfacher Glas- oder Kunststoffeindeckung lohnt sich die Heizung grundsätzlich nicht oder nur zeitweise, etwa wenn Kübelpflanzen überwintert werden und während Kälteperioden einen Frostwächter brauchen.

Dennoch bietet auch ein **unbeheiztes Glashaus** reichlich Möglichkeiten für den Hobbygärtner, etwa zur Erntezeitverlängerung von Gemüse, zur Überwinterung robuster Kübelpflanzen oder zur Anzucht von Jungpflanzen.

***Gurken pflanzen ...***

***Heizung im Gewächshaus***

***... und ernten***

# Glashäuser mit Topfschuppen

### Material

Zwei Gewächshausbausätze, Bauholz, Schrauben, Betonrohre, Beton (Kies und Zement), Fensterstürze, Pflastersteine oder Platten, Bruchsteine, Erde, Pflanzen

### Werkzeug

### Schwierigkeitsgrad

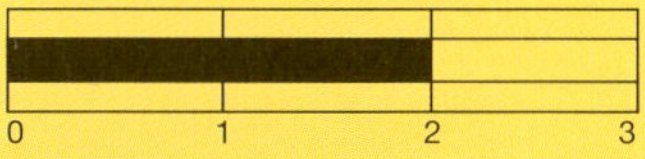


### Kraftaufwand

### Arbeitszeit

Für den Bau dieses Gewächshauses benötigen Sie ca. zwei Tage.

### Ersparnis

Sie sparen durch Eigenleistung entsprechend den Lohnkosten von Fachkräften etwa 500 €.

Ein Gewächshaus ist zur Erntezeitverlängerung, zur Überwinterung von Kübelpflanzen oder für den Anbau exotischer Gemüse nützlich. Aus Fertighäusern »von der Stange« lässt sich leicht ein **Gewächshauskomplex** bauen, der reichlich Raum für Pflanzen und zum Arbeiten bietet und zugleich ein willkommener Sichtschutz zur Straße hin ist.

Für den schmalen Gartenstreifen in diesem Fall boten sich zwei kleine Exemplare an. Natürlich lassen sich ähnliche Konstruktionen auch mit anderen Modellen bauen.

***1*** Zunächst müssen tragfähige **Fundamente** geschaffen werden, sobald der Standort (er sollte möglichst frei und sonnig sein), die Lage und die Größe feststehen. Das können Streifenfundamente aus Beton sein oder auch Punktfundamente aus Betonrohren, auf die Mauerstürze gelegt werden, die sonst beim Hausbau als **Fensterstürze** dienen.

Ein Handbagger (Doppelspaten mit Gelenk) macht den Aushub schmaler, tiefer Löcher möglich. Für die Grabarbeiten genügt aber auch ein Spaten.

*1*

*2*

3

4

5

6

**2** In die Gruben kommt etwas Beton, der als Basis für die Punktfundamente dient. Zum Mischen des frischen Betons steht ein Motormischer zur Verfügung. Das Anmischen kleiner Mengen ist aber auch in einer Mörtelwanne möglich.

**3** Die Betonrohre müssen in derselben Höhe sitzen. Eine Richtschnur erleichtert das Einsetzen. Falls nötig lässt sich noch Beton unterfüllen, wenn die Rohre zu tief sitzen. Das Einsetzen muss vorsichtig erfolgen, damit keine Erde in die Grube fällt.

Wenn die Höhe stimmt, erfolgt das Einrichten mit der Wasserwaage. Der senkrechte Sitz ist in allen Richtungen zu überprüfen. Für die gesamte Gebäudezeile sind mehrere Punktfundamente nötig, die alle »in der Flucht« (exakt hintereinander in einer Reihe) stehen müssen. Dies ist schon beim Festlegen und Ausgraben der Löcher zu beachten.

**4** Sobald die Richtung stimmt, beginnt das Vollfüllen mit frischem Beton. Dieser ist mit einem geeigneten Stampfer (z. B. Baumpfahl) gut zu verdichten. Außen genügt Erde zum Einfüllen und Fixieren der Betonrohre. Auch sie muss gut verdichtet werden.

**5** Wenn die erste Punktfundament-Reihe steht, beginnt das Einsetzen der zweiten Reihe. Eine Richtlatte macht das Einrichten der Rohre in der passenden Höhe möglich. Falls erforderlich lassen sich die Rohre noch tiefer beziehungsweise höher setzen. Vorsorglich sollte schon beim Erdaushub mithilfe einer Richtschnur oder eines Meterstabs auf die richtige Tiefe geachtet werden. Das erspart mehrmaliges Einsetzen der schweren Betonrohre.

**6** Derartige Fundamente haben sich vor allem in Hanglagen bewährt. Sie ersparen das ansonsten mühevolle Abgraben und Terrassieren der Fläche. Zudem ist später durch das Aufschichten einer Trockenmauer eine ebene Beetfläche in den Gewächshäusern zu bekommen.

**7** Fensterstürze, die sonst beim Hausbau verwendet werden, lassen sich beim Gewächshausbau zum Überbrücken der Punktfundamente nutzen. Die Stürze dürfen keine zu großen Abstände überspannen und müssen später mit Erde unterfüllt werden!

Die Befestigung auf den Punktfundamenten ist mit Beton oder Fliesenkleber möglich.

**8** Bruchsteine, die recht günstig von Steinbrüchen zu bekommen sind, eignen sich zum Aufbauen einer Trockenmauer. Diese stützt das Fundament zusätzlich und fängt den Hang ab. Zum Verfugen dient Gartenerde. Sie ermöglicht das Bepflanzen mit Steingartengewächsen oder Kräutern.

**9** Gute Gartenerde fördert das Wachstum der Gewächshauspflanzen. Sie kann, wenn das Gebäude steht, vor der Bepflanzung noch mit Kompost verbessert werden. Die Erde fällt hier beim Aushub für ein anderes Objekt nahe der Baustelle an.

**10** Nach dem Einsenken der Punktfundamente und dem Setzen der Stürze kann der Rahmenbau nach Plan beginnen.

Die Bauanleitungen sind nicht immer leicht verständlich. Bei Problemen helfen aber die Hersteller gerne telefonisch weiter.

Ideal ist natürlich ein erfahrener Nachbar oder Bekannter, der bereits ein Glashaus gleichen Typs gebaut hat. Beim Aufbau sollte man ohnehin zu zweit sein. Mit etwas Übung ist ein Rahmen in zwei bis drei Stunden aufgestellt (bei diesen kleinen Typen; bei größeren ist etwas mehr Zeit nötig).

*7*

*8*

*9*

10

11

12

13

Zunächst werden die zwei Seitenteile und die Giebelteile montiert. Die Rahmenteile dafür sind nummeriert und lassen sich mithilfe der Baupläne recht leicht richtig zusammenstellen.

**11** Drehen Sie die Schrauben noch nicht richtig fest, damit der Rahmen nach dem Aufstellen auf das Fundament noch ausgerichtet werden kann. Die Firststange stabilisiert den Rahmen. Sie wird mit Profilen an die Giebelseiten geschraubt.

**12** Die Verschraubungen mittels Profilen sind ziemlich schwierig zu bewerkstelligen. Ansonsten lässt sich der Rahmen recht leicht aufbauen, zumal die Teile exakt gearbeitet sind und die Verbindungsstellen stimmen. Wichtig ist vor allem, dass die richtigen Teile zusammengestellt und nach Plan verschraubt werden.

**13** Sobald der erste Rahmen steht, kommt der zweite Bausatz an die Reihe. Jetzt sind die Tücken des Objekts schon bekannt, sodass der Zusammenbau ohne Schwierigkeiten zu bewältigen ist. Schalungsdeckel, die hier auf das Fundament gelegt wurden, erleichtern das Vormontieren, da sie eine ebene Arbeitsfläche bieten.

**14** Der fertige Rahmen wird auf dem Fundament noch ausgerichtet und erst befestigt, wenn er »im Wasser« und »im Winkel« ist, also waagrecht und rechtwinklig steht. Die leichten Aluminiumprofile sind ohne Mühe noch zu verschieben, falls die Ausrichtung des Rahmens nicht ganz stimmt.

**15** Jetzt erst werden alle Schrauben richtig festgedreht. Dadurch bekommen die Rahmen die nötige Tragfähigkeit. Die Glasscheiben belasten die Konstruktion mit mehreren Zentnern Gewicht. Wesentlich weniger wiegen Stegdoppelplatten, die wahlweise erhältlich sind.

***16*** Bei beiden Glasarten ist für einen sicheren Stand auf dem Fundament zu sorgen, denn die großen Fensterflächen stellen einen enormen Windfang dar. Zum Schutz vor Sturmschäden werden die Rahmen der Häuschen nach dem Vorbohren auf den Fensterstürzen festgeschraubt.

***17*** Für die Verglasung werden **Gummistreifen** mitgeliefert, die auf die Rahmenteile gedrückt werden. Die Glasscheiben liegen dadurch nicht auf dem Metall auf. Bei der Auswahl von **Stegdoppelplatten** gehören je nach Gewächshaustyp Halteleisten oder Montageschienen zum Zubehör. Der Metallrahmen ist bei beiden Eindeckungsarten gleich.

***18*** Beim Arbeiten mit den Glasscheiben sind unbedingt Handschuhe zu tragen (am besten dünne Stoffhandschuhe). Das Fenster und die Türe können vor oder erst nach der Einglasung des Häuschens zusammengebaut sowie mit Scheiben ausgestattet und eingesetzt werden.

***19*** Die Scheiben in den Türen werden mit den **Aluminiumprofilen** befestigt. Dagegen erfolgt

***14***

***17***

***15***

***18***

***16***

***19***

20

21

22

23

die Einglasung der Fensterflächen am Gebäude mit Federstahlklammern. Beide Systeme sind einfach zu bewerkstelligen und geben den Scheiben sicheren Halt.

**20** Das Einglasen beginnt bei den handelsüblichen Gebäuden mit den Dachflächen. Die Fensterscheiben müssen dachziegelartig überlappen, damit kein Regenwasser eindringt.

**21** Ein Nebeneffekt dieser Einglasungstechnik besteht darin, dass sich beschädigte Scheiben später leicht abnehmen und ersetzen lassen. Dazu werden nur die Halteklammern ausgeklinkt. Der Ausbau der Seitenscheiben kann auch im Sommer von Nutzen sein, wenn eine bessere Durchlüftung erwünscht ist. Die Dachflächen bleiben dann weiterhin erhalten, um vor Nässe zu schützen.

**22** Mit etwas Übung geht das Einsetzen der Scheiben und das Einklinken der Federstahlklammern leicht von der Hand. Andere Gebäudetypen sind mit ähnlichen Systemen ausgestattet. Statt dieser Nörpelglasscheiben gibt es auch durchsichtiges Blankglas.

**23** Der Zwischenraum wird am besten gepflastert, damit er jederzeit gut begehbar ist und etwa beim Topfen, Stecklinge schneiden etc. eine feste Trittfläche bietet. Ein massiver Unterbau ist nicht nötig. Es genügt eine Schicht Splitt oder Bausand, die gleichmäßig mit dem Rechen verteilt und vor dem Plattenlegen mit der Richtlatte abgezogen wird.

**24** Die einfachen Gehsteigplatten aus Beton sind für diese Nutzfläche gut genug. Der Zuschnitt ist mit der Trennscheibe möglich.

24

25

26

27

28

Ebenso lassen sich andere Platten oder Pflaster legen, wenn ein dekorativer Belag erwünscht ist.

**25** Das Holz für die Überdachung des Zwischenraums stammt vom Sägewerk. Die sägerauen Bretter und Pfosten werden auf der Baustelle gehobelt und passend zugeschnitten. Holzböcke erleichtern die Bearbeitung.

**26** Für das Dach dient ein Holzrahmen, der an beiden Glashäuschen festgeschraubt wird. Der massive Rahmen trägt zudem zur Stabilisierung des gesamten Gebäudes bei. Die Türe eines der beiden Häuschen muss vorher versetzt werden, damit sie beim Bedachen bzw. Überbrücken mit Brettern nicht stört. Dazu ist es nötig, die Nieten der Türschiene aufzubohren. Die Schiene lässt sich dann abnehmen und mit Schrauben wieder am Rahmen befestigen.

**27** Die Querstreben versteifen den Holzrahmen. Sie bieten sich zugleich als Auflager für die Arbeitsplatte an. Mithilfe der Bretter und Pfosten sind beliebige Konstruktionen machbar, die sich der Nutzung sowie der Körpergröße anpassen lassen.

**28** Nach dem Festschrauben der Konstruktionshölzer an beiden Gewächshäusern erfolgt der Ausbau des Schuppens. Ein dicker Firstbalken verbindet beide Gebäude. Im Zwischenraum wurde ein Baum gepflanzt.

29

32

33

30

31

**29** Dachsparren aus ebenso starken Balken dienen als Lagerhölzer für die Dachbretter. Der Holzschuppen nimmt zunehmend Form an und trägt zur Aussteifung des Gebäudekomplexes bei.

**30** Zur Eindeckung bieten sich breite Bretter an, die – wie Dachziegel – überlappt befestigt werden. Dann ist der Schuppen auch ohne Teerpappe oder Dachziegel dicht. Während des Ausbaus haben die Kräuter in der Trockenmauer Fuß gefasst. Die massive Steinwand verschwindet später unter einer grünen Pflanzendecke.

**31** An der Vorderseite genügen wenige Bretter als Wetterschutz. Der Dachvorsprung soll den Birnbaum nicht am Wachsen hindern. Außerdem stört er beim Zugang zum Topftisch und zu den Gewächshäusern nicht. Einige Holzschrauben, die stellenweise eingedreht werden, genügen für eine feste Verbindung der Dachbretter.

**32** Der weitere Ausbau der Rückwand richtet sich nach dem Standort. Wenn kein Sichtschutz erwünscht ist, genügen einige der breiten Bretter für eine teilweise geschlossene Wand. Sie werden beiderseits an die Holzrahmen geschraubt. Die Rückseite kann aber auch völlig verschalt werden.

**33** Der Arbeitstisch muss ausreichend tragfähig sein. Für die Arbeitsplatte sind Lagerhölzer nötig, die sich hinten in die Rückwand einsetzen lassen. Passende Ausschnitte sind mit der Stichsäge rasch zu bewerkstelligen. Vorne liegen die Lagerhölzer auf einem zusätzlichen Querbalken auf.

***34*** Massive Bretter, die auch für das Dach und für die Rückwand verwendet wurden, lassen sich zu einer Arbeitsplatte zusammenfügen. Sie werden auf die Lagerhölzer geschraubt.

***35*** Die schmale Gewächshauszeile hat in jedem Garten Platz. Dennoch bietet sie reichlich Raum zum Gärtnern. Hier wurde noch ein schöner Pflasterweg angelegt und ein Zaun zum Nachbargrundstück gezogen.

***36*** Innen haben schon üppige Fruchtgemüse den Raum in Besitz genommen. Der Tisch steht dagegen steht zum Umtopfen, Stecklinge schneiden und für andere Arbeiten bereit.

***Sicherheitstipp***
Bei zentraler Lage sollten statt der Glasscheiben besser bruchsichere Kunststoffscheiben eingesetzt werden. Sonst bleiben Beschädigungen nicht aus.

*34*

*35*

*36*

# Kalter Kasten in Eigenbau

Ein Frühbeet ist rund ums Jahr nützlich

### Material

Alte Fenster, Bretter, Kanthölzer (Pfosten), Schrauben, Scharniere

### Werkzeug

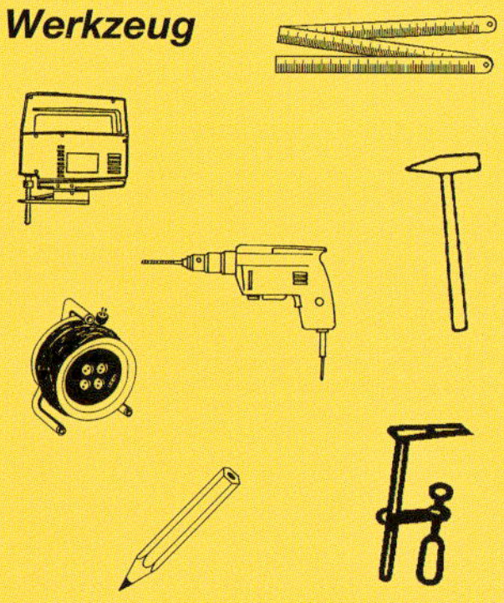

### Schwierigkeitsgrad

### Kraftaufwand

### Arbeitszeit

Für diesen Frühbeetkasten brauchen Sie ca. fünf Stunden.

### Ersparnis

Durch Eigenleistung können Sie etwa 100 € sparen.

Die Größe und Form eines selbst gebauten Frühbeetkastens richtet sich nach den vorhandenen **Fenstern**. Es können aber auch bestimmte Fenster gesucht werden, wenn die Kastenmaße vorgegeben sind. Bezugsquellen sind z. B. Bauschreinereien oder Wertstoffsammelhöfe. Gärtnerfenster (Normfenster in der Gärtnerei) haben eine Größe von 150 x 100 cm.

Zunächst werden die alten Fenster sortiert und für den Frühbeetkasten ausgewählt. Unbrauchbare, übrige Fenster lassen sich anderweitig nutzen. Falls nötig kann der spröde Lack erneuert werden. Wichtig ist, dass sich die Fenster gut öffnen und schließen lassen.

Entsprechend der Fensterfläche wird der Kasten aus Brettern gebaut. Dieser kann aus mehreren stapelbaren Elementen bestehen. Dadurch ist der Transport leichter möglich. Immerhin haben die alten Fenster ein beträchtliches Gewicht. Stapelbare Holzelemente gewähren außerdem eine Nutzung als **Hochbeet**.

Das oberste Element wird immer schräg gefertigt. Dadurch liegen die Fenster günstig zur Sonne hin ausgerichtet. So kann besonders im Frühjahr bei niedrigem Sonnenstand genügend Licht in den Kasten eindringen. Zum Befestigen der Bretter dienen Eckpfosten, die nötige Stabilität geben Schraubverbindungen. Nach dem Auflegen und Einpassen lassen sich die Fenster am Rahmen festschrauben.

Vor Regenwasser schützt ein Fensterrahmen, der aus Brettern passend zugeschnitten und montiert wird. Der Kasten kann sofort nach der Fertigstellung in den Garten transportiert und genutzt werden. Falls erwünscht lassen sich aber auch stapelbare Holzelemente für ein Hochbeet nach Maß fertigen.

***1*** Ein oder zwei alte Fenster und einige Bretter genügen für den Bau eines rustikalen Wanderkastens. Sobald das Material besorgt ist, kann der Bau beginnen. Zunächst werden die Bretter auf Böcke gelegt und auf das entsprechende Maß zugeschnitten.

***2*** Die Höhe der Rückwand bestimmt die Neigung der Fenster. Für eine hohe Rückwand und eine entsprechend steile Neigung der Fenster sind mehrere Bretter nö-

*1*

*2*

*3*

4

5

6

tig, die jeweils außen an Pfosten geschraubt werden. Dazu dienen hier alte Dachlatten.

***3*** Eine Stichsäge erleichtert den Zuschnitt der Bretter. Während der Sägearbeiten sollten die Bretter fest aufliegen (z. B. auf Holzböcken). Die Abschnitte lassen sich für weitere Bauteile nutzen.

***4*** Eine einfache Hilfskonstruktion aus Brettern und Schraubzwingen nimmt die Bretter beim Festschrauben »in die Zange«. Besonders bei alten Brettern, die nicht mehr ganz eben sind, empfiehlt sich das Fixieren während des Befestigens.

***5*** Nach dem Festschrauben der Bretter an einen Pfosten kommt die zweite Seite an die Reihe. Sobald die Länge festgelegt ist, erfolgt der Zuschnitt.

***6*** Nach der Anfertigung der Rückwand lässt sich die Frühbeetkonstruktion mithilfe der Fensterrahmen und dem Frontbrett zur Probe zusammenstellen. Bei allen Arbeiten sind Helfer erwünscht. Sie erleichtern den Zusammenbau und sind beim Transport des schweren Kastens unverzichtbar.

*7*

*8*

*9*

*10*

*11*

***7/8*** Der Kasten bekommt vier verlängerte Eckpfosten; damit ist das Aufstocken möglich.

Die kurzen Pfosten sitzen sicher, wenn sie einen Ausschnitt erhalten, welcher der Fensterneigung angepasst ist.

### Ökotipp

Der Holzkasten sollte nicht mit giftigen Holzschutzmitteln imprägniert werden. Bei Bodenberührung lässt sich die Verrottung dadurch kaum aufhalten, zumal die Mikroorganismen im feuchten Milieu besonders aktiv sind. Falls nötig werden einfach nach einigen Jahren die morschen Bretter ersetzt.

***9*** Die Seitenwände werden aus Brettabschnitten gefertigt. Zum Montieren dienen rostfreie Schrauben. Die Fensterrahmen beziehungsweise deren Neigungswinkel geben die Breite des Kastens vor. Die Fensterscheiben sind einstweilen in sicherer Entfernung untergebracht.

***10*** Der Kasten bekommt zunehmend Stabilität. Während des Zusammenbaus verhindern Schraubzwingen das Verrutschen der Rahmenteile. Jetzt sind noch Änderungen möglich, etwa wenn eine flachere Fensterneigung erwünscht ist.

***11*** Die massiven Fensterrahmen müssen sicher befestigt sein. Vor dem Zusammenbau des Frühbeet-

12

13

14

15

kastens sollten die Fensterflügel zur Probe in den Rahmen eingesetzt werden. Durch Markierungen sind spätere Verwechslungen zu vermeiden (z. B. »Fenster links«).

***12*** Nach und nach kommt die erste Seitenwand zustande. Die überstehenden Bretterstücke dienen nach dem Zuschnitt zur Anfertigung der zweiten Seitenwand.

***13*** Die Schnittstellen müssen bündig zum Fensterrahmen sitzen, das macht die Befestigung eines Holzrahmens aus Brettern möglich, der auch als konstruktiver Holzschutz dient. Falls erforderlich können die Fenster einen wetterfesten Anstrich erhalten. Der Holzkasten selbst bleibt aber auch ohne Imprägnierung viele Jahre funktionsfähig.

***14*** Nach und nach nimmt der Kasten seine endgültige Form an. Die schon vorher geplante steile Stellung der Fenster ist besonders im Frühjahr und Herbst günstig, wenn die Sonne tief am Himmel steht. Der Kasten wird dann nach Süden ausgerichtet.

16

17

**15** Die massive Holzwand gibt einen sicheren Windschutz. Zudem haben die alten Fenster eine recht gute Dämmwirkung. Sie bekommen hier noch einen Holzrahmen.

**16** Der Frühbeetkasten lässt sich mit beliebig vielen Zwischenelementen aufstocken. Diese verrutschen nicht, wenn die Eckpfosten etwas versetzt zum Rand des Kastens montiert werden.

**17** Mit diesen Kastenteilen kann man auch ein Hochbeet bauen.

**18** Ein Frühbeet ist rund ums Jahr nützlich: Im Frühjahr gedeihen die ersten Salate, im Sommer reifen Gurken, im Herbst gibt es Chinakohl und im Winter dient der Kasten als Lager für Gemüse.

18

# Kleingewächshaus aus Fertigteilen

### Material

Gewächshaus-Bausatz, Betonsteine, Beton

### Werkzeug

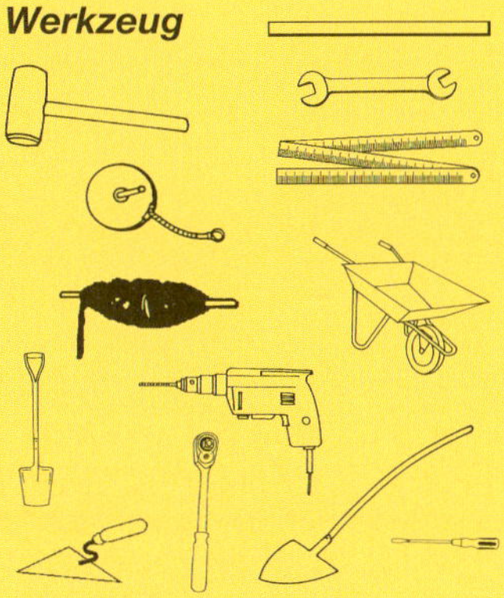

### Schwierigkeitsgrad

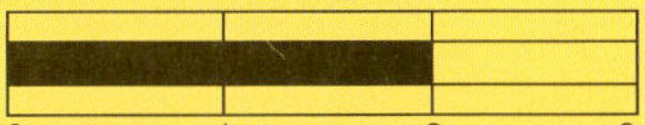


### Kraftaufwand

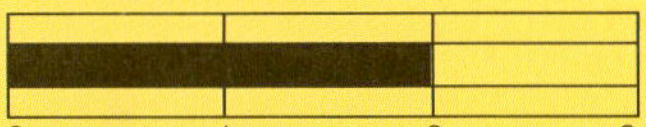


### Arbeitszeit

Insgesamt ist der Aufbau an einem Tag zu schaffen; das Betonfundament muss vorher aushärten.

### Ersparnis

Durch Eigenleistung sind Einsparungen von 500 € möglich (Lohnkosten für einen Arbeiter).

Gute **Gewächshausbausätze**, die durchaus stabil genug und langlebig sind, gibt es schon für etwa 500 € pro Stück in Baumärkten. Ein solches Häuschen macht den Anbau von Frühgemüse möglich, es begünstigt im Sommer das Wachstum und die Erträge von wärmebedürftigen Fruchtgemüsen und es verlängert die Erntezeit im Herbst.

***1*** Sobald das richtige Häuschen – je nach gewünschter Größe und vorhandenem Budget – besorgt ist, kann das **Fundament** geschaffen werden. Obwohl für die handelsüblichen Gebäude auch Fundamente aus Metall zu bekommen sind, die einfach mit Haken im Boden verankert werden, steht das Gewächshaus doch sicherer auf einem Betonstreifenfundament.

Beim Bau einer solchen massiven Basis kann allerdings das Metallfundament durchaus nützlich sein. Es dient nach der Montage als Vorlage und erleichtert die Markierung und den Erdaushub auf der Baustelle. Dazu wird es an der ausgewählten Stelle auf den Boden gelegt und entsprechend ausgerichtet.

***1***

***2***

***3***

4

5

6

***2*** Nach dem Markieren der Lage mit Sand wird das Metallfundament wieder entfernt, damit es beim Ausgraben und Betonieren des Streifenfundaments nicht stört. Zum Betonieren des Fundaments dient selbst gemischter Beton (vier Teile Kies, ein Teil Zement und etwas Wasser) oder Fertigbeton vom Werk.

Eine Schalung für den Beton ist unnötig, wenn das Fundament bis zur Erdoberfläche bündig mit Beton vollfüllt wird. Darauf kommt ein Sockel aus Betonsteinen. Dazu werden zunächst die Ecksteine gesetzt. Mithilfe einer Richtschnur lassen sich dann weitere Betonsteine in die Zwischenräume einpassen.

***3*** Das schmale Streifenfundament muss waagrecht im Boden liegen. Das ist bereits beim Betonieren zu beachten. Zur Überprüfung wird hier noch einmal das Metallfundament aufgelegt. Die Richtlatte zeigt, ob es richtig liegt.

Falls nötig sind jetzt noch geringfügige Korrekturen möglich, indem die zu niedrig sitzenden Ecksteine mit Beton unterfüllt und passend eingerichtet werden.

***4*** Die Betonsteine auf dem massiven Streifenfundament bieten eine stabile Basis für das Gewächshaus; zusätzlich erleichtert das Aluminiumfundament die Montage. Schon jetzt kann im Zuge der Vorbereitungen ein Pflasterweg geschaffen werden, zumal die Baustelle noch ungehindert zugänglich ist.

***5*** Gewöhnlich sind die Aluminiumprofile schon vorsortiert in einem Karton verpackt. Mit dabei liegt eine Bauanleitung und manchmal auch eine Videokassette, auf der die Montage dokumentiert ist.

Nach dem Studium der Anleitung werden zunächst die benötigten Bauteile ausgewählt und auf einer ebenen Fläche ausgelegt. Auf diese Weise nehmen die Giebelwände und Seitenteile Form an.

***6*** Wenn die einzelnen Profile zusammenpassen, werden sie mit den beigelegten Schrauben montiert. Während der ganzen Montage leistet ein Steckschraubenschlüssel gute Dienste, der auch in kritische Ecken gelangt. Gehen Sie genau nach Plan vor, und achten Sie darauf, dass alle Verbindungsstellen zusammenpassen.

7

8

9

10

11

**7** Je nach Gewächshaustyp müssen bereits vor dem Zusammenbau Schrauben in Führungsschienen eingesetzt werden. Drehen Sie die Schrauben jetzt noch nicht richtig fest, damit sich der Rahmen später noch ausrichten lässt.

**8** Die Türen werden ebenfalls nach Plan gebaut; hier kann ein Bohrschrauber das Handwerkzeug ersetzen. Beim Zusammenbau der Türen sind die Kunststoffscheiben nicht zu vergessen; sie müssen bereits jetzt eingesetzt werden. Am Gewächshaus erfolgt das Einglasen erst, wenn der Rahmen komplett erstellt ist.

**9** Das erste Seitenteil, eine Giebelwand, passt genau auf das Fundament. Gute Vorarbeiten erleichtern – wie überall – auch hier den Aufbau. Gleichermaßen wurden bereits der vordere Giebelrahmen und die zwei Seitenrahmen vormontiert.

**10** Zum Aufstellen der vorgefertigten Rahmenteile sind mehrere Personen nötig. Immerhin müssen die Teile erst zur Baustelle transportiert, dann zusammengestellt und verschraubt werden.

**11** Gleichermaßen wie der hintere Giebel und die erste Seitenwand werden der vordere Giebel und die zweite Seitenwand zunächst zusammengebaut und anschließend auf dem Fundament befestigt. Der vordere Giebel ist mit der Führungsschiene für die Schiebetüre ausgestattet.

12

13

14

15

16

17

***12*** Das Firstprofil lässt sich mithilfe zweier Verbindungsbleche an den Giebelseiten montieren. Diese oberste Aluminiumschiene gibt dem Gewächshaus zusätzliche Stabilität.

***13*** Nachdem die Giebel mit den Seitenteilen verbunden sind und der Rahmen für das Satteldach aufgesetzt ist, nimmt das Gebäude schon deutliche Formen an. Jetzt kommen die Verstrebungen und Versteifungen an die Reihe, die das Gebäude ausrichten und stabilisieren.

Außerdem werden jetzt die Führungsschienen für Fenster und Türen eingesetzt. Die Reihenfolge ist allerdings je nach Modell unterschiedlich und aus dem Plan ersichtlich. Schritt für Schritt kommt der fertige Rahmen zustande, der sogleich verglast werden kann.

***14*** Beim »Einglasen« der Kunststoffscheiben dürfen die Seiten nicht verwechselt werden. Sie haben gewöhnlich eine UV-Licht-stabilisierte Seite, die nach außen gerichtet sein muss. Das Einsetzen der Scheiben beginnt am Dach. Auch dabei ist die Baubeschreibung zu beachten. Wie beim

Rahmenbau werden zunächst alle Teile gesichtet und sortiert. Das erleichtert das Einsetzen.

***15*** Nach der Einglasung werden noch die Fenster und Türen eingesetzt. Die Türen laufen auf Rollen, die in die obere Schiene einzuführen sind. Unten hängt die Türe in einer Bodenschiene.

***16*** Ein befestigter Pflasterweg macht den Zugang jederzeit und sicher möglich. Daneben bleibt noch genügend Anbaufläche. Die großen Türen gewähren einen bequemen Zugang und eventuell das Befahren mit der Schubkarre. Sie dienen auch der Belüftung.

***17*** Die Scheiben sitzen nach dem Einsetzen und Abdichten mit Gummiprofilen fest im Rahmen.

***Profitipp***

Unter Glas ist eine gute Belüftung und an sonnigen Tagen eine Schattierung nicht zu vernachlässigen. Automatische Fensterheber, die auch nachträglich noch einsetzbar sind, öffnen oder schließen die Fenster je nach Bedarf.

***18*** Metallstreben verstärken die Konstruktion und machen sie stabil. Die Streben werden erst abschließend montiert.

Nach der Fertigstellung wird auch der Rahmen noch fest auf das Fundament geschraubt, damit das Gebäude Stürmen standhält.

***19*** Gurken bekommt das dämpfige Klima unter Glas vorzüglich; zum Klettern bieten sich Schnüre an. Eigene Gewächshausgurken sind durchaus wohlschmeckend; die Erträge sind natürlich von der Nährstoffversorgung abhängig.

***18***

***19***

# Gewächshauszeile mit Sitzplatz

### *Material*

Bretter für Schalung, Beton, Baustahlstangen, Gewächshausbausätze, Aluprofilleisten, Stegdoppelplatten, Befestigungselemente, Pflasterklinker

### *Werkzeug*

### *Schwierigkeitsgrad*

### *Kraftaufwand*

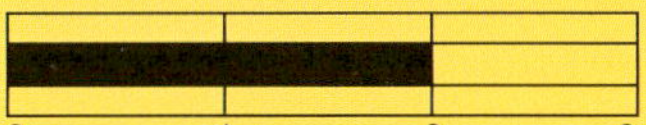


### *Arbeitszeit*

Für den Bau dieser Gewächshauszeile benötigen Sie ca. eine Woche.

### *Ersparnis*

Durch Eigenleistung können Sie etwa 1000 € sparen.

Einen geschützten **Zweitsitz** für sonnige Stunden und zugleich eine große Anbaufläche unter Glas bietet dieses Gewächshaus, das in Eigenleistung als Reihenhaus ausgebaut wurde.

Es dient zur Gemüsepflanzung und natürlich auch zur Erntezeitverlängerung sowie für Musestunden in geschützter Atmosphäre – etwa im zeitigen Frühjahr oder im Herbst, wenn das Wetter andernorts zu windig und kühl ist.

Je größer das Gebäude gewünscht wird, umso mehr Mühe macht natürlich auch der Aufbau. Am schwierigsten ist das **Betonstreifenfundament**. Es muss erst ausgegraben, dann eingeschalt und betoniert werden. Unter Umständen genügt aber eine wesentlich einfachere Basis – beispielsweise ein Fundament aus Metall, das als Zubehör erhältlich ist. Hier am Hang war der Bau eines massiven Fundaments unumgänglich.

Wie bei jedem Gewächshausbau muss der Standort passen. Er soll möglichst sonnig liegen, damit das ganze Jahr Licht durch die Scheiben scheint. So ein Reihenhaus bietet sich übrigens auch als

*1*

**Grundstückseinfriedung** neben einer Straße an. Hier schützt es nicht nur das Gemüse vor Staub.

Das Fundament wird der Gewächshauslänge und -breite angemessen. Am besten dienen die Gewächshausrahmen als Vorlage. Genauso gut können aber auch die Maße des Hauses anhand der Baupläne auf das Gelände übertragen werden.

Wer sich unnötige Mühe und Tüftelei ersparen möchte, bedient sich mehrerer gleicher Bausätze.

2

3

4

5

Sie lassen sich am einfachsten zu einem Reihenhaus zusammensetzen. Bei diesem Bau wurden zwei Serienprodukte mit einer Mittelteil-Eigenkonstruktion überbrückt. Dazu dienten **Aluminiumprofile** vom Fachhandel (Metallbaufirma) und dazu passende Hohlkammerplatten vom Baumarkt.

Einfacher lässt sich das Mittelteil erstellen, wenn ein drittes Serienprodukt entsprechend umfunktioniert wird. Auch wenn dabei Teile wegfallen (z. B. die Türe und eine Seitenwand), kommt die Konstruktion nicht teurer als mit dazugekauften Einzelteilen. Immerhin müssen pro Kilo Aluminiumprofil etwa 5 € bezahlt werden. Eine Hohlkammerplatte mit 2 m² kostet ca. 50 €.

Ein Glashausbausatz ist an einem Tag leicht zu erstellen. Länger dauert die Eigenkonstruktion des Mittelteils, zumal alle Profile zugerichtet werden müssen. Am meisten Mühe macht der Bau des massiven Betonfundaments – besonders zeitaufwendig ist die Konstruktion der Schalung.

***1/2*** Das Fundament soll zugleich den Hang stützen; als Schalung dienen hier Abfallbretter. Ein Schnurgerüst gibt den Verlauf vor.

***3/4*** Der Beton aus vier Teilen Kies, einem Teil Zement und Wasser wird im Betonmischer selbst gemacht; nach dem Einfüllen kommen Eisenstangen zur Bewehrung hinein. Abstandbretter halten die Schalung in Form.

***5*** Nach dem Trocknen kann die Schalung abgenommen werden; sie wird für den zweiten Teil gebraucht, da das Fundament in zwei Etappen entsteht.

**6** Sobald die Holzschalung steht, kann der zweite Teil des Fundaments geschaffen werden. Das geschieht wiederum mit Beton aus dem Mischer.

Das schmale Streifenfundament sieht weniger massiv aus, als es tatsächlich ist. Immerhin hat es eine Tiefe von 80 cm. Dementsprechend viel Beton ist auch zum Ausgießen der Schalung nötig.

**7** Ein Bausatz umfasst sämtliche Rahmenteile, alle nötigen Verbindungselemente, die Gummidichtungen und die gewünschten Glas- oder Kunstglaselemente. Eine gute Anleitung erleichtert den Aufbau wesentlich.

**8** Während der Aufbauarbeiten schützen Schalungsdeckel die bereits eingefüllte Gartenerde. Vor der Bepflanzung ist die Lockerung dann einfach mit einer Grabgabel möglich. Zudem trägt guter Gartenkompost zur Bodenverbesserung bei.

**9** Ein spezielles Aluminiumfundament kann zusätzlich für Stabilität sorgen; es ist jedoch nicht unbedingt nötig, wenn ein festes Betonfundament besteht.

*6*

***10/11*** Der Aufbau der Gewächshäuser ist eine Tüftelei. Je nach Typ sind zunächst die Seitenelemente an der Reihe. Sie werden hier vormontiert. Das geschieht auf einer möglichst ebenen Fläche.

***12*** Nach den Seitenelementen kommen die Giebelseiten. Dazu werden die gekennzeichneten Profile zunächst ausgewählt und passend ausgelegt. Dann lassen sie sich mit Schrauben montieren. Wichtig ist, dass alle Teile vorsortiert und der Anleitung entsprechend ausgelegt werden. Somit werden Verwechslungen ausgeschlossen.

***13/14*** Sobald die Seitenteile vorgefertigt sind, kann die Montage beginnen. Auch bei Billigpro-

*7*

*8*

9

12

10

11

13

14

15

16

dukten gibt es übrigens für den Rahmen eine 15-jährige Garantie. Das Aufstellen der Fertigteile ist nur mit Hilfe möglich; es geht aber recht zügig voran.

**15** Das Dach entsteht aus einem Firstbalken und Sparren, die an den vorgezeichneten Stellen festgeschraubt werden. Vorher wurden wieder Schrauben in die Führungsnuten eingesetzt.

Ein Steckschlüssel erleichtert die Montage; auch Schrauben in Winkeln sind damit gut erreichbar. Sie dürfen nicht mit Gewalt festgedreht werden.

Zum Ausrichten des Gebäudes dienen Alustreben, die abschließend an den vorgesehenen Stellen befestigt werden. Falls nötig sind jetzt noch geringe Korrekturen möglich. Das Ausrichten in der Diagonale geschieht mithilfe eines Maßbands.

Der Rahmen wird erst auf dem Fundament festgedübelt, wenn er richtig steht. Die letzte Kontrolle mit der Wasserwaage zeigt, ob alles richtig passt. Wenn keine Korrekturen mehr nötig sind, sollten alle Schraubverbindungen nachgezogen werden.

**16** Nach Anleitung kommen die Fenster und Türen zustande. Die Leichtbauweise lässt es nicht an der nötigen Stabilität mangeln. Die Fenster können dank Führungsschienen an beliebigen Stellen eingesetzt werden.

17

18

19

20

21

Die Türen sind ebenso schnell montiert; hier müssen aber schon beim Rahmenbau die Scheiben mit eingesetzt werden. Beachten Sie stets die Anleitung. Beim Einsetzen der Scheiben ist es wichtig, die Außen- und Innenseiten nicht zu verwechseln. Nur die markierten Außenseiten sind UV-Licht-stabilisiert.

***17*** Die **Hohlkammerplatten** lassen sich recht einfach einsetzen. Das ist ein wesentlicher Vorteil, denn sie sind in den Sommermonaten auch leicht abnehmbar, wenn eine gute Durchlüftung gewünscht wird. Gummidichtungen, die auf die Metallstege gedrückt werden, machen eine einfache Montage möglich und halten die Scheiben sicher fest.

Unten dienen Metallleisten zur Befestigung der Fensterscheiben. Sie stabilisieren die ziemlich biegsamen Hohlkammerplatten. Eine Schraube pro Scheibe genügt. Sobald das erste Häuschen steht, ist die Bepflanzung möglich. Die Seitenwände bleiben hier gleich offen, zumal die gewählten Pflanzen frische Luft brauchen.

***18*** Wenige Wochen später wuchern die wüchsigen Gemüse schon der Sonne entgegen. Die südseitig offenen Fenster kommen ihnen sehr zugute. Das Klima unter Glas ist natürlich für Gurken und andere Wärme liebende Gemüse ideal. Das Dach schützt vor Regen. Die Rückwand an der Nordseite hält kalte Winde ab.

***19*** Das zweite Häuschen entsteht genauso wie das erste nach Anleitung. Der Aufbau geht mit etwas Übung schon einfacher. Mittlerweile ist bereits der Sommer ins Land gezogen.

***20*** Zur Befestigung auf dem Fundament sind spezielle Haken dabei. Diese werden am Rahmen festgeschraubt und am Sockel festgedübelt. Eckstreben stabilisieren das Gebäude zusätzlich;

auch dafür müssen bereits beim Rahmenbau Schrauben in die Führungsschienen eingesetzt werden.

***21*** Die Dachsparren lassen sich ebenfalls in Führungsschienen an der Firststange einschieben. Das Vormontieren erfolgt am besten in Zusammenarbeit mit mehreren Personen.

***22*** Nach dem Aufsetzen des Satteldachgerüsts lassen sich die Aluprofile mit Schrauben zusammenbauen. Für den Aufbau genügen wenige Werkzeuge, die in der Regel dem Bausatz beigefügt sind.

***23*** Mit einem Steckschlüssel sind die Schrauben in den Ecken besser erreichbar als mit den mitgelieferten Gabelschlüsseln. Richtig festgezogen werden die Schrauben allerdings erst, wenn das Häuschen steht.

***24*** Endlich kommt der schwierigste Part der Gesamtkonstruktion, das selbst gebaute Mittelteil, an die Reihe. Der Firstbalken (ein Normteil von einer Fensterbaufirma) muss passend zugeschnitten und zugerichtet werden. Das Aluminiumprofil ist ausreichend stabil und überspannt die ganze Länge.

***22***

***23***

***24***

***25***

***26***

***27***

28

29

30

31

32

33

**25** Auch die Profile für die Kniestöcke müssen zur Gesamtkonstruktion passen; dazu wurden hier Fensterbauteile zweckentfremdet.

Die Verbindungsstellen lassen sich nach dem Zuschneiden der Rahmenteile direkt auf der Baustelle vorbohren. Alu ist recht weich und einfach zu bearbeiten.

**26** Oben werden die Dachsparren am Firstbalken festgeschraubt. Dazu müssen sie passend zugeschnitten und vorgebohrt werden.

**27** Mit dem Gewindeschneider lässt sich die Bohrung im Firstbalken nun entsprechend präparieren. Ein 10er-Gewinde ermöglicht den Einsatz der Normschrauben.

Mit einem Steckschlüssel ist das Anschrauben dann kein Problem. Einfacher ließe sich das Ganze natürlich mit fertigen Bauteilen eines dritten Gewächshausbausatzes bewerkstelligen.

**28** Als Fenster dienen genormte Hohlkammerplatten, die es in Baumärkten in verschiedenen Stärken gibt; der Zuschnitt gelingt recht genau mit der Stichsäge.

Die Scheiben werden hier zwischen Firstbalken und Dachsparren eingeklemmt; dazu müssen die Schrauben gelöst und nach dem Einschieben der Scheiben wieder angezogen werden.

**29** Die dritte Scheibe fällt hier schmäler aus als die beiden äußeren. Die Aufteilung kann aber je nach Größe und Wunsch unterschiedlich geschehen.

**30** Der Kniestock für die vordere Dachfläche muss nach oben versetzt werden, damit er den Eingang nicht behindert. Außerdem müssen die Türen beweglich bleiben. Wenn der vordere Kniestock sitzt, kommen die verkürzten Sparren an die Reihe. Sie werden wie die hinteren zugerichtet und montiert.

**31** Beim Zurichten der Profile ist eine Werkbank hilfreich. Besonders beim Absägen der Stege hält sie das Werkstück sicher fest. Aber auch der Zuschnitt der Kunststoffscheiben geht auf der Werkbank leichter von der Hand.

Das Dach ist schon fertig; nur die Seitenwände bekommen jetzt noch passende Scheiben. Nach dem Anzeichnen kommt wieder die Stichsäge zum Einsatz – mit ihr sägt man die Scheiben.

*34*

**32** Die Nutzfläche wird so aufgeteilt, dass ein Teil zum Bepflanzen frei bleibt und ein befestigter Teil zum Arbeiten, Gehen, Sitzen usw. entsteht. Dazu werden Kantensteine eingesenkt.

Pflasterklinker dienen als Belag. Sie können je nach Beanspruchung auf einen festen Schotter-Unterbau oder nur direkt auf den Erdboden gelegt werden.

**33** Mittlerweile haben sich die Gemüse im ersten Haus üppig entwickelt. Für die Tomaten beginnt schon die Erntezeit. Der hohe Betonsockel stellt übrigens eine beinahe unüberwindbare Barriere für Schnecken dar.

**34** Besonders im Frühjahr und Herbst lädt der geschützte Platz unter Glas zum Verweilen ein.

Eine Sitzgruppe ist rasch aufgestellt und im Nu wieder weggeräumt, wenn sie beispielsweise beim Gärtnern stört.

# Warmer Kasten in Eigenbau

### *Material*

Alte Fenster, Bretter, Latten, Schrauben, Scharniere, Farbe, Pferdemist, Kompost, Pflanzen

### *Werkzeug*

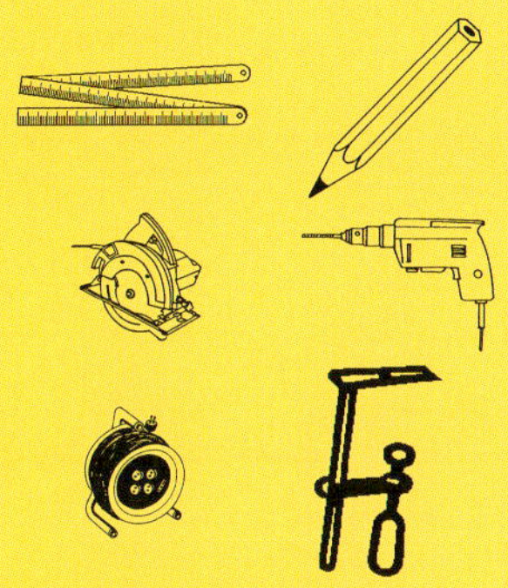

### *Schwierigkeitsgrad*

### *Kraftaufwand*

### *Arbeitszeit*

Für diesen Frühbeetkasten brauchen Sie ca. drei Stunden.

### *Ersparnis*

Durch Eigenleistung können Sie etwa 100 € sparen.

Mist ist in vielen Ländern der Erde ein wertvoller Rohstoff. Afrikanische Völker verwenden den Mist ihrer Tiere sogar als Baumaterial. Wir würden uns in diesen »Bio-Bauten« wegen des strengen Geruchs jedoch kaum wohl fühlen, zumal der Mist bei Regen und Wind rasch verrottet.

Eben diese Eigenschaft macht den Mist allerdings als Rohstoff im Garten besonders wertvoll. Denn während der Verrottung gibt das organische Material Wärme ab, bis schließlich duftende, nährstoffhaltige Erde entsteht. Aus diesem Grund wussten schon unsere Vorfahren den Mist ihrer Tiere richtig zu nutzen: Sie fingen die Wärme unter Glas ein, um schon früh im Jahr Gemüse zu ernten.

### *Kostenlose Heizung*

Mistbeete sind auch heute noch modern, weil sie mit kostenloser, umweltfreundlicher Energie »betrieben« werden können. Allerdings liefert nur der Pferdemist genügend Wärme. Der Mist anderer Tiere eignet sich weniger gut.

Wenn Sie Pferdemist z. B. von einem Gestüt oder einem Bauern für ein **Mistbeet** bekommen,

*1*

*2*

3

4

5

sollten Sie zunächst Ihren Frühbeetkasten räumen oder ein entsprechendes Frühbeet vorbereiten. Das kann ein Holz-, Metall-, Kunststoff- oder Steinkasten sein, der wenigstens 70 cm tief ist. Einige Firmen führen auch transportable Frühbeetkästen in ihrem Sortiment, die sich als Aufsätze für Mistbeete anbieten.

Sie können Ihren Frühbeetkasten natürlich auch selbst bauen, wenn Sie z. B. eine bestimmte Größe oder Ausführung wünschen. Ein einfacher praktischer Kasten kann aus Holzlatten und **Acrylglas** entstehen. Sie brauchen dazu nur die Maße festlegen, die Rahmenteile zuschneiden und verbinden und dann das Acrylglas festschrauben.

Die Acrylglasteile bekommen Sie fertig zugeschnitten vom Baumarkt. Die Teile lassen sich auch mit einer Feinsäge zuschneiden, wenn Sie das Kunstglas von der Rolle oder in genormten Maßen kaufen. Der Handel bietet übrigens auch genormte Frühbeetfenster mit 150 cm Länge und 100 cm oder 80 cm Breite. Wenn Sie Fertigfenster verwenden wollen, muss der Kasten entsprechend groß gebaut werden.

***Mistbeet richtig bepacken***

Der Mist darf keine **Verbrennungsschäden** verursachen, vielmehr soll er seine Wärme langsam abgeben. Deshalb ist es wichtig, den Kasten bzw. die 70 cm tiefe Grube für den Frühbeetaufsatz richtig zu bepacken (siehe Fachkunde »Planung IV – Frühbeetkästen und Folientunnel«).

***1*** Das Bauholz für den massiven Kasten wurde im Sägewerk besorgt. Die dicken, ungehobelten Bohlen halten der Verwitterung viele Jahre Stand. Die Größe der vorhandenen Fenster gibt das Maß des Kastens vor.

***2*** Der Zuschnitt der Bretter erfolgt nach dem Ausmessen der Länge mit der Kreissäge. Wer auf einer Baustelle im Garten auf einen Stromanschluss verzichten muss, kann die Bretter genauso mit einer Bügelsäge zuschneiden.

***3*** Zur Anfertigung der Rückwand sind kurze Lattenstücke ausreichend. Sie werden jeweils an den Rändern festgeschraubt, und zwar so, dass sie zugleich als Anschläge für die Seitenteile dienen. Zum Festlegen der Abstände eignet sich ein kurzer Brettabschnitt.

***4*** Mit einem Bohrschrauber gehen die Arbeiten rasch voran. Zum Montieren eignen sich vorzugsweise selbstschneidende Kreuzschlitzschrauben.

***5*** Die beiden Fenster werden mithilfe von Holzlatten zu einem großen Fensterflügel zusammengebaut. Dies erfolgt mit rostfreien Schrauben. Holzböcke erleichtern die Arbeiten und dienen als sichere Auflage für die Fenster.

***6*** Der Abstand zwischen Front- und Rückwand richtet sich nach der Fensterbreite. Dazu wird es vorsichtig aufgelegt. Wer andere Fenster verwendet – etwa alte Doppelfenster – muss die Kastengröße entsprechend anpassen. Das gilt auch für Frühbeetfenster oder Scheiben aus Acrylglas.

***Profitipp***

Legen Sie kein Mistbeet in einem versiegelten Kasten (z. B. mit Betonboden) an. Der Boden muss nach unten offen sein, damit überschüssiges Wasser ablaufen und Bodenlebewesen eindringen können. Sonst verfault der Mist, statt langsam zu verrotten!

***6***

***7*** Die Seitenwände entstehen aus kurzen Brettstücken, die passend zugeschnitten wurden. Es empfiehlt sich, die Bauteile während der Arbeiten gelegentlich zur Probe zusammenzustellen. Dabei werden unter Umständen nötige Änderungen erkennbar.

***8*** Die schrägen Teile der Seitenwände lassen sich mit der Kreissäge aus jeweils einem Brett schneiden. Im günstigsten Fall – bei einem Winkel von 45° – ergeben sich zwei gleich große Teile.

***9*** Die schrägen Seitenteile werden genauso montiert wie die Rückwand. Die Verbindungslatten müssen etwas eingerückt sitzen, damit sie beim Zusammenbauen mit der Rückwand nicht stören.

***7***

***8***

***9***

10

13

14

11

12

***10*** Auch das Frontbrett erhält zwei kurze Lattenstücke, die zum Festschrauben dienen. Auf diese Weise sind zusätzliche Verbindungselemente aus Metall unnötig. Allerdings ist der Zusammenbau genauso mit Winkelverbindern möglich.

***11*** Die Latten müssen eine ausreichende Stärke haben, damit sie genügend Holz zum Eindrehen der Schrauben bieten. Das Vorbohren verhindert das Ausreißen der Brettränder.

***12*** Bei dieser Bauweise genügen wenige Metallteile zur Befestigung der Seitenwände. Neben den Schrauben werden zwei Scharniere für das Fenster gebraucht. Zudem lohnt es sich, einen Riegel zum Verschließen sowie einen Metallstab zum Ausstellen des Fensters zu montieren. Andernfalls kann eine Windböe das Fenster aufreißen beziehungsweise zuschlagen.

***13*** Der schwere Kasten steht zum Transport in den Garten bereit. Er kann eventuell nach dem Ausstatten mit Griffen, dem Riegel und anderen Sonderteilen noch mit Farbe behandelt werden. Allerdings bleiben die dicken Bretter auch ohne Holzschutz einige Jahre lang erhalten.

***14*** Mittlerweile wurde mit dem PKW-Anhänger eine Fuhre Pferdemist beschafft. Dieser warme Mist dient als Bodenheizung und Düngervorrat zugleich.

**15** Der Mist muss nach dem Verteilen tüchtig festgetreten werden. Insgesamt sollte danach eine etwa 20 cm dicke Packung zustande kommen. Die beste Zeit für die Anlage eines Mistbeets beginnt im Spätwinter, wenn sich der Frost langsam abschwächt.

Auf die Mistpackung kommt eine dicke Lage guter Gartenerde. Sie wird ebenfalls gleichmäßig verteilt. Den Abschluss bildet eine dünne Schicht aus gesiebtem Gartenkompost.

**16** Die Pflanzen stammen aus eigener Anzucht oder aus der Gärtnerei. Es müssen spezielle Züchtungen sein, die den Anbau unter Glas vertragen. Nach der Pflanzung fördert tüchtiges Einschlämmen das Anwachsen.

Bei mildem Wetter herrscht im Spätwinter schon dämpfiges Klima unter Glas. Dann darf das Lüften nicht vergessen werden.

**17** Der Kasten wurde noch mit Farbe behandelt. Auch das Fenster erhielt einen Anstrich. Die jungen Gemüse und Salate sind nun vor Zugluft und geringen Nachtfrösten geschützt.

**15**

**16**

**17**

# Holzkonstruktion mit Kunststoffeindeckung

### *Material*

Für ein Haus mit 3 m Länge, 2 m Breite und 2,60 m Höhe: 8 cm x 8 cm Kanthölzer (sägerau): Längsbalken 5 x 3 m = 15 m, Querbalken, Eckpfosten, Türrahmen 9 x 2 m = 18 m, Dachsparren 6 x 1,20 m = 7,20 m, Eckstreben (zum Aussteifen) 4 x 1 m = 4 m
5 cm x 3 cm Kanthölzer (sägerau): Träger für Kunststoffbahnen ca. 25 m für Fenster und Tür ca. 10 m, Metallwinkel, Schrauben, Scharniere, glasfaserverstärkte Polyesterbahnen (ca. 35 m²), Kunststoffknickwinkel zum Abdecken der Fensterfugen, Leim, Kunststoffscheiben, Dichtungsband

### *Werkzeug*

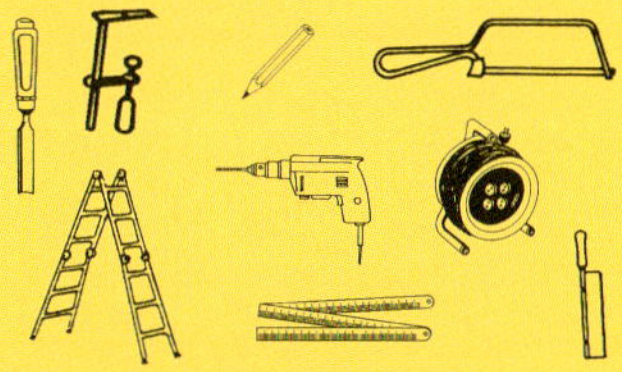

### *Schwierigkeitsgrad*

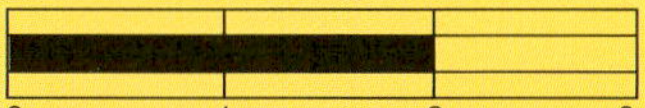

0 1 2 3

### *Kraftaufwand*

0 1 2 3

### *Arbeitszeit*

Dieses Gewächshaus ist in rund zwei Tagen zu bewerkstelligen.

### *Ersparnis*

Durch Eigenleistung können Sie etwa 250 € sparen.

Ohne Zweifel: Der Gartenmarkt bietet ein riesiges Sortiment an Glas- und Kunststoffhäusern. Doch gelegentlich ist eine **Eigenkonstruktion** erwünscht – etwa wenn eine besondere Form oder Größe benötigt wird.

### *Konstruktion je nach Nutzung*

Die Konstruktion wird von der Grundstückslage und -größe, von der Nutzung und von den Materialkosten bestimmt. Manchmal passt ein Anlehnhaus besser als ein Gebäude mit Satteldach, z. B. wenn eine sonnige Hauswand als Baustelle zur Verfügung steht.

Im kleinen Reihenhausgarten richtet sich das Gebäude nach den Grundstücksgrenzen. Oft genügt ein mannshohes Häuschen für die Überwinterung südländischer Kübelpflanzen. Für die Kultur von Gemüse unter Glas reicht ein leichtes Häuschen aus preiswerten Teilen aus.

### *Genaue Planung*

Ein genauer Plan erleichtert den Kauf der Baustoffe. Die Holz- und Kunststoffteile werden in gewünschten Maßen geliefert, wenn Sie rechtzeitig bestellen. Vorab lohnt sich aber ein Preisvergleich.

*1*

*2*

*3*

4

5

6

Preisunterschiede machen sich auch bei Verwendung verschiedener Baustoffe bemerkbar. So ist beispielsweise gewöhnliches Fichtenholz vom Sägewerk billiger zu bekommen als behandeltes Profilholz aus tropischen Forsten.

Metallwinkel sind unnötig, wenn Sie Holzverbindungen konstruieren; das Aufsatteln, die Stegverbindungen etc. nehmen allerdings mehr Zeit in Anspruch. Für vergleichbare Eigenkonstruktionen sind Gartenfolien, Kunststoffscheiben von der Rolle oder starre Elemente besser geeignet als Glasscheiben, die einen speziellen Rahmen oder eine besondere Befestigungstechnik erfordern.

***Bauteile zusammenfügen***

Sobald die Materialauswahl abgeschlossen ist und die Baustoffe verfügbar sind, werden die Maße vom Papier auf das Holz und auf das Deckmaterial übertragen – es sei denn, Sie bekommen zugeschnittene Fertigteile geliefert. Kesseldruckimprägnierte Fertigteile halten ca. 20 Jahre.

Die Bauteile werden angepasst, ausgespart, vorgebohrt und verschraubt. Die Holzkonstruktion erhält die nötige Stabilität durch das Aussteifen mit Streben. Die Befestigung der Kunststoffscheiben ist mit Linsenkopfschrauben möglich. Ein Dachfenster wird ebenso wie die Türe an Scharnieren befestigt.

***1*** Nachdem mithilfe einer Skizze oder eines genauen Planes die benötigten Baustoffe besorgt wurden, kann der Aufbau beginnen. Eine Eigenkonstruktion lohnt sich nur, wenn eine ungewöhnliche Form oder Größe erwünscht ist. Denn Gebäude aus Fertigteilen sind preiswerter.

***2*** Der Zuschnitt der Balken erfolgt mit der Kettensäge. Genauso gut können die Bauteile mit einer Bügelsäge abgelängt werden. Auf Bestellung ist das Bauholz fertig zugeschnitten zu bekommen.

***3*** Balken, die aufgesattelt werden, erhalten einen Ausschnitt. Exakter als mit der Bügelsäge ist dieser mit einer Kreis- oder Bandsäge zu bewerkstelligen.

***4*** Ausreichend stabile Verbindungen kommen mithilfe von Metallwinkeln zustande. Solche Winkelverbinder ersparen aufwendige Zapfverbindungen.

**5** Die Eckstreben, die zur Aussteifung des Holzgerüsts dienen, lassen sich mit Schrauben direkt am Rahmen befestigen. Die selbstschneidenden Schrauben ersparen das Vorbohren.

**6** Mit wenigen Handgriffen kommt das Grundgerüst für das Gewächshaus zustande. Dieses Gebäude wird an eine bestehende Pergola angefügt. In diesem Fall ist unbedingt eine Genehmigung vom Bauamt beziehungsweise von der Gebäudeverwaltung einzuholen, zumal das Gewächshaus direkt an der Grenze entsteht.

***7*** Für den weiteren Aufbau sind **Dachsparren** nötig, die hier – nach dem Ausschneiden mit der Säge – mit dem Stechbeitel passend zugerichtet werden. Ein Sägebock gibt den Werkstücken festen Halt und erleichtert die Arbeiten.

***8*** Die vorgefertigten Dachsparren lassen sich mit jeweils einer Schraube am Holzrahmen montieren. Das Vorbohren verhindert das Ausreißen der Hölzer. Die Schraubköpfe müssen versenkt werden, damit die Kunststoffscheiben bündig aufliegen.

*7*

***9*** Langsam nimmt das **Satteldach** seine Form an. Für die starren Kunststoffscheiben genügen wenige Dachsparren, zumal die Scheiben zusätzlich auf Dachlatten aufliegen.

***10*** Die Dachlatten, die jeweils zwischen den Dachsparren sitzen, werden mit Winkelverbindern montiert. Dadurch ergibt sich eine ebene Auflagefläche für die Kunst-stoffscheiben. Diese Holzkonstruktion lässt sich ebenso mit Folie bespannen.

***11*** Der Zuschnitt der Kunststoffscheiben gelingt mit einer feinzahnigen Säge. Eine Tischkreissäge, die mit einem entsprechenden Sägeblatt ausgestattet ist, erleichtert die Arbeiten. Bei Verwendung von

*8*

*9*

*10*

11

14

12

15

13

16

Stegdoppelplatten kann der Zuschnitt auch direkt an der Baustelle durchgeführt werden.

***12*** Zum Befestigen der Scheiben dienen Linsenkopfschrauben. Dafür sind Vorbohrungen nötig. Die Kunststoffscheiben lassen sich mit gewöhnlichen Werkzeugen problemlos bearbeiten.

Die passend zugeschnittenen und vorgebohrten Kunststoffscheiben werden sogleich am Holzrahmen festgeschraubt.

Statt mit undurchsichtigem Kunstglas ist die Eindeckung auch mit durchsichtigem Acryl oder mit Folie möglich. Zum Befestigen von Folie genügen Drahtklammern, die festgetackert werden.

***13*** Ein Dachfenster, das im Sommer für eine gute Durchlüftung sorgt, entsteht aus gewöhnlichen Dachlatten. Diese werden an den vorgezeichneten Stellen ausgeschnitten.

***14*** Ein stabiler Rahmen kommt zustande, indem die Latten fest aufgesattelt werden. Nach dem Einschneiden kommt der Stechbeitel zum Einsatz. Einfacher gelingt der

Zusammenbau mithilfe von Winkelverbindern. Zu beachten ist, dass die Fensterscheibe glatt auf dem Rahmen aufliegt.

***15*** Das Fensterkreuz gibt der Kunstglasscheibe ausreichenden Halt. Der Zusammenbau erfolgt mit Schrauben. Gleichermaßen lässt sich eine Türe anfertigen.

***16*** Metallwinkel dienen zum Montieren der Scheibe. Sie festigen den Fensterrahmen zusätzlich. Der Zusammenbau muss unbedingt auf einer glatten Unterlage erfolgen, damit sich der Rahmen nicht verzieht.

***17*** Das verhältnismäßig große Gewächshaus nimmt etliche Kübelpflanzen auf. Allerdings sind nur robuste Arten für diese Art der Überwinterung geeignet, da das Gebäude keinen Frostschutz bietet. Falls nötig muss ein Frostschutz in Form von Noppenfolie aufgezogen und eine Heizung als Frostwächter installiert werden.

***18*** Derselbe Gewächshaustyp kann gleichermaßen frei stehend gebaut werden. Die Kunststoffscheiben halten geringen Nachtfrost und Dauerregen von empfindlichen Pflanzen ab.

***17***

***Profitipp***

Bevor Sie Ihr eigenes Gewächshaus bauen, sollten Sie das **Ordnungsamt** befragen; die Bestimmungen unterscheiden sich von Ort zu Ort. Oft sind die Vorgaben auch im örtlichen Bebauungsplan festgelegt und ersichtlich. Absprachen sind bei einer grenznahen Errichtung mit den Nachbarn zu empfehlen, damit es nicht zu Belästigungen etwa durch den Schattenwurf kommt.

***18***

# Gewächshausanbau

*Ein Anlehnhaus ist ein guter Wärmespeicher.*

### Material

Beton, Mörtel, Betonsteine, Ziegel, Klinker, Fenstersturz, Dachpappe, Bauholz, Fenster, Fenstertüren, Scharniere, Schrauben und andere Befestigungselemente, Stegdoppelplatten, Pflanzgranulat, Polsterstauden, Rollkies

### Werkzeug

### Schwierigkeitsgrad

### Kraftaufwand

### Arbeitszeit

Dieses Gewächshaus ist in rund 14 Tagen zu bewerkstelligen.

### Ersparnis

Durch Eigenleistung können Sie etwa 2000 € sparen.

Ein frei stehendes Glashaus braucht ziemlich viel Platz, der für die Kultur von Freilandpflanzen verloren geht. Ein **Anlehnhaus** lässt sich dagegen auf kleiner Fläche konstruieren. Allerdings ist dafür eine bestehende, am besten südseitige Wand nötig.

### *Günstige Gebäude nutzen*

Nahezu in jedem Garten gibt es eine freie Wand, die sich für den Anbau eines Glashauses nutzen lässt. Das kann z. B. eine Hauswand sein, die Wand eines Nebengebäudes oder eine Gartenmauer. Wenn die günstig gelegenen Wände bereits mit einem Wintergarten, einem Obstspalier oder anderen Elementen vollständig verbaut und genutzt sind, lohnt es sich, eine eigene Wand für ein Anlehnhaus zu schaffen.

Die Wand für ein Anlehnhaus sollte am besten nach Süden oder wenigstens nach Südosten oder Südwesten ausgerichtet sein, damit die Sonne ungehindert eindringen kann.

### *Wärmespeicher*

Anders als bei einem frei stehenden Glashaus ist die Nordseite beim Anlehnhaus ein Kältepuffer und zugleich eine Sonnenfalle. Sie ist nicht verglast, sondern besteht aus Mauerwerk, sodass kalte Nordwinde kaum eine Wirkung auf das Klima im Glashaus haben. Wenn das Anlehnhaus an einem beheizten Gebäude steht, gibt die Wand im Winter sogar Wärme ab und verbessert das Klima.

Eine dunkle Wand (z. B. aus Ziegeln) speichert zudem Sonnenenergie und strahlt sie langsam wieder ab. Die Speicherwärme wirkt sich in der Nacht positiv auf die Pflanzen aus, weil sie die Temperaturschwankungen lindert. Eine weiße Wand trägt während des Tages zur Heizung bei, indem sie das Licht in den Raum abstrahlt. Besonders lichtbedürftige Pflanzen profitieren davon.

### *Wintergartenprinzip*

Die meisten angebauten **Wintergärten** sind Anlehnhäuser. Sie können deshalb auch einen dieser Bausätze als Anlehngewächshaus nutzen. Im Handel sind verschiedene Holz-, Metall- oder Kunststoffkonstruktionen erhältlich.

Für den Anbau an eine Mauer oder an eine Gebäudewand genügen normalerweise auch ein-

*1*

*2*

*3*

4

5

6

fachere Konstruktionen, die Sie selbst erstellen können, wenn keine besonderen Anforderungen an die Isolierung gestellt werden und keine exakte Anbindung nötig ist. Selbstverständlich muss das Anlehnglashaus aber richtig isoliert werden, wenn eine Verbindung zum Wohnhaus besteht. Hier gelten dieselben bautechnischen Anforderungen wie beim Anbau eines Wintergartens.

***1*** Die Mauer muss ein frostsicheres Fundament haben, damit es nicht zu Verspannungen der Glaskonstruktion kommt. Das Fundament sollte dazu mindestens 70 bis 80 cm tief gründen. Gewöhnlich genügt ein schmales Streifenfundament aus Beton. Es dient als Basis für die Mauer, die z. B. aus Ziegeln aufgebaut wird.

***2*** Neben der Mauer sind weitere Streifenfundamente für den Gewächshausaufbau nötig. Wenn der Boden im Gewächshaus nicht mit Beton versiegelt wird, ist die Pflanzung direkt in die vorhandene oder verbesserte Erde möglich.

***3*** Eine Betonplatte erleichtert die Pflege und bietet eine stabile Basis. Sie beschränkt aber den Anbau auf Pflanzen in Kübeln. Unter Umständen lässt sich ein Teil der Fläche mit Beton ausbauen, während der übrige Boden als Pflanzfläche erhalten bleibt.

***4*** Hier kam nach dem Aufmauern und dem Fundamentbau die Holzkonstruktion an die Reihe. An einer Seite der Grundmauer entstand ein Schuppen für Geräte und zum Arbeiten, während auf der Südseite das Gerüst für das Anlehnhaus erstellt wurde.

Deutlich erkennbar ist der Überstand der Dachsparren an der Grundmauer. Hier soll an der Rückseite eine Lüftungsklappe eingebaut werden. Sie ermöglicht per Seilzug eine Be- und Entlüftung an sonnigen Tagen.

***5*** Zur Eindeckung eignen sich vorzugsweise Stegdoppelplatten, die in verschiedenen Größen zu be-

***Ökotipp***

Ein Anlehnhaus ist eine ideale Sammelfläche für Regenwasser. Mit einer Regenrinne kann man das Wasser z. B. in einen Behälter oder einen Teich leiten.

7

kommen sind. Der Zuschnitt auf ein passendes Maß ist auch auf der Baustelle mit gewöhnlichen Werkzeugen (z. B. mit einer Stichsäge) machbar.

Deckbretter, die jeweils auf den Sparren montiert werden, geben den nötigen Halt und dienen zugleich als Abdichtung. Das Regenwasser vom Dach läuft hier in einen vorgelagerten Sammelteich.

Das moderne Gebäude bietet durch die große Fensterfläche ideale Wachstumsbedingungen für Wärme liebende Gemüse.

Es ermöglicht auch die Kultur anderer Pflanzen. Einen sicheren Frostschutz gewähren die Stegdoppelplatten allerdings nicht.

***6*** An sonnigen Tagen sind Schattierung und **Lüftung** nicht zu vernachlässigen. Sonst kommt es zum Wärmestau. Die Lüftung erfolgt durch die Türen und eine Klappe aus Brettern am First.

Während im Sommer ein Wärmestau unerwünscht ist, dient die große Fensterfläche im Winter als Sonnenfalle. Schnee bleibt nicht lange liegen, zumal die schrägen Scheiben keinen Halt geben.

***7*** Der Schuppen an der Rückseite kann mit Polsterstauden begrünt werden, wenn das Dach dementsprechend vorbereitet ist. Alpine Pflanzen kommen gut in mineralischem Substrat zurecht.

Den Wasserabzug gewährleistet eine Rollkiesschüttung. Wer auf diese aufwendige Dachbegrünung verzichten möchte, kann auch mit Kletterpflanzen die erwünschte Wirkung erzielen.

***8*** Der Ausbau und die weitere Gestaltung mit Farbe ist entsprechend den eigenen Vorstellungen möglich. Auf diese Art ist preisgünstig eine recht große Anbaufläche unter Glas zu bekommen.

8

# Frostschutz mit Noppenfolie

Jungpflanzenzucht im isolierten Gewächshaus

### Material

Luftpolsterfolie, Befestigungselemente, Spezialkleber

### Werkzeug

### Schwierigkeitsgrad

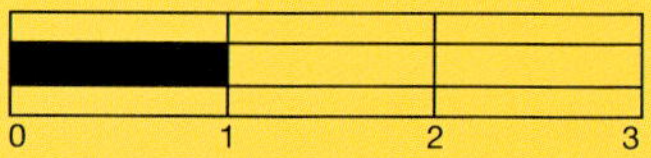


### Kraftaufwand

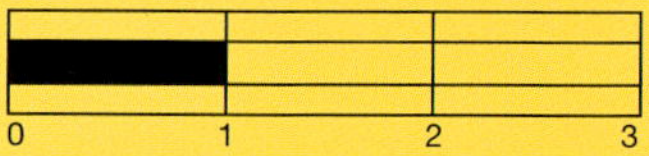


### Arbeitszeit

Ein kleines Gewächshaus ist in rund drei Stunden zu schaffen.

### Ersparnis

Durch Eigenleistung können Sie etwa 100 € sparen.

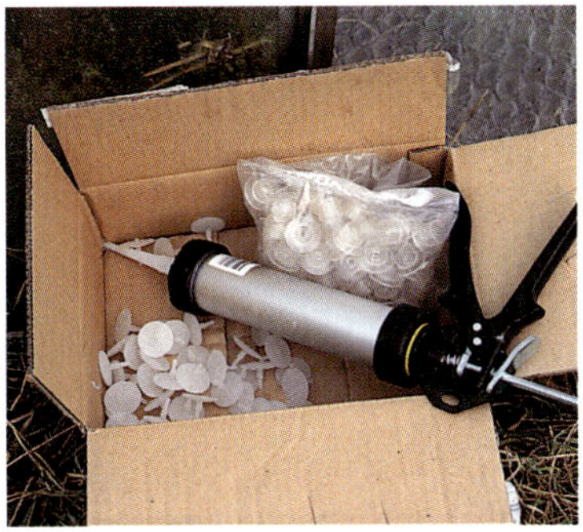

1

2

Es gibt keine »echten« Kübelpflanzen. Grundsätzlich lassen sich alle möglichen Gewächse in Pflanzgefäßen kultivieren. Das können heimische Gehölze sein, die das ganze Jahr im Freien bleiben, oder südländische Arten, die ein frostsicheres Quartier brauchen.

Rhododendren, Bergkiefern, Zuckerhutfichten und andere heimische Gehölze oder robuste Züchtungen, die sich als völlig frosthart bewährt haben, brauchen keinen Schutz. Diese Kübelpflanzen stehen auch strenge Winter im Freien ohne Schaden durch. Sie sind nur auf Wassergaben angewiesen.

Dagegen gehen Oleander, Citrusbäumchen und Engelstrompeten schon nach einer kalten Nacht auf dem Balkon zugrunde. Sie stammen – wie viele andere schöne Sträucher – aus dem Mittelmeerraum, aus Südafrika oder aus anderen wintermilden Regionen der Erde und sind auf ein frostsicheres Quartier angewiesen. Diese Sträucher lassen sich bei uns nur als Kübelpflanzen kultivieren.

Natürlich gibt es Unterschiede in der Frosthärte. Während etwa Pelargonien schon bei einem Minusgrad dahingerafft werden, halten Ölbäume Temperaturen bis zu – 5 Grad Celsius ohne Schaden aus. Allerdings müssen sie akklimatisiert sein. Pflanzen, die den Sommer in einem Wintergarten oder auf einem geschützten Balkon verbracht haben, sind empfindlicher als verwandte Exemplare, die in einer ungeschützten Gartenecke abgehärtet wurden.

***Pflege***

Alle Arten brauchen auch im Winter gelegentlich Wasser – bei Wärme mehr, in kühlen Räumen weniger. Staunässe ist ebenso wie Austrocknung zu vermeiden.

Häufiges Lüften bei frostfreiem Wetter bewahrt vor Schädlingen. Besonders an sonnigen Wintertagen ist das Lüften und Schattieren nicht zu vergessen. Andernfalls kann es zu einem Wärmestau kommen, der die Pflanzen zu vorzeitigem Austrieb anregt.

***1*** Ein gewöhnliches Kleingewächshaus bietet jedoch keinen ausreichenden Frostschutz. Allerdings ist durch das Einpacken mit Luftpolsterfolie eine zusätzliche Dämmwirkung zu erreichen.

Ein derartig isoliertes Gebäude macht die Überwinterung von Kübelpflanzen möglich, wenn es zusätzlich für Kälteperioden mit einem Frostwächter ausgestattet wird. Das kann beispielsweise ein Radiator sein, der sich bei Frost automatisch einschaltet. Neben der Luftposterfolie, die als Meter-

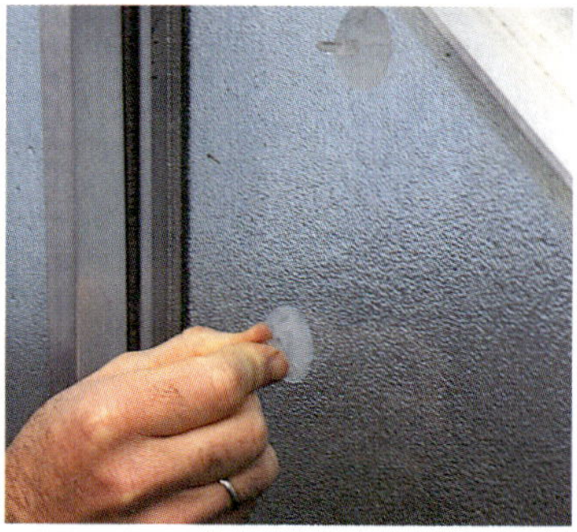

3

4

5

6

7

8

ware in Rollen erhältlich ist, werden auch Befestigungselemente benötigt.

***2*** Zunächst kommt die Eindeckung der großen Flächen an die Reihe. Die Folienbahnen werden passend zugeschnitten und über das Gebäude gezogen.

***3*** Die Befestigungssysteme bestehen aus tellerförmigen Kunststoffelementen, die mit einem Dorn ausgestattet sind. Diese werden gleichmäßig – an günstigen Stellen verteilt – auf die Fensterscheiben geklebt.

***4*** Das Befestigungssystem ist viele Jahre haltbar. Das gilt auch für die Luftpolsterfolie. Die Hersteller geben dafür eine Garantie. Erfahrungsgemäß hält die spezielle Folie länger als sieben Jahre. Zu beachten ist, dass der Kleber richtig aufgetragen und jeder Dorn gut festgedrückt wird.

***5*** An den Verbindungsstellen müssen die Folienbahnen überlappen, damit es keine Kältebrücken gibt. Beim Arbeiten am Dach ist eine Leiter nützlich. Das Einpacken erfolgt bei frostfreiem Wetter, damit der Kleber wirksam bleibt.

***Profitipp***
Während ausdauernde Balkon- und Kübelpflanzen wie Oleander, »Geranien« (Pelargonium), Fuchsien und dergleichen bei geschützter Überwinterung uralte Büsche bilden können, hat das Einwintern von Tagetes, Petunien und anderen einjährigen Arten natürlich keinen Sinn. Sie sterben nach der Saison ab und lassen sich nicht mehrjährig ziehen.

Nach dem Aufziehen lässt sich die Folie an den Befestigungsstellen auf die Dorne drücken. Es lohnt sich, die Dorne an Überlappungsstellen zu befestigen. Dann dienen sie gleichzeitig zur Verbindung beider Folienstücke.

**6** Den nötigen Halt geben Kapseln aus Kunststoff, die auf die Dorne gedrückt werden. Sie rasten fest ein und halten die Folie sicher fest. Falls nötig können sie wieder abgeschraubt werden.

**7** Der Zuschnitt der Folie ist mit einer Haushaltsschere möglich. Die Luftpolsterfolie ist ausreichend lichtdurchlässig. Sie kann ganzjährig auf dem Gewächshaus bleiben, zumal vom Herbst bis zum Frühjahr stets mit Frösten zu rechnen ist. Allerdings hält sie nur geringe Fröste ab.

**8** Zunächst werden noch die Giebelseiten isoliert. Das geschieht gleichermaßen mit den Dornen wie bei den Dachflächen. Die Türe muss frei bleiben. Hier wird ein Folienstreifen so befestigt, dass ein Zugang noch möglich ist.

**9** Sofort nach der Isolierung erhalten die Kübelpflanzen einen Platz im Winterquartier. Für diese Art der Überwinterung sind nur robuste Arten geeignet, die geringe Fröste vertragen – es sei denn, das Gewächshaus wird mit einer Heizung ausgerüstet.

Das Einsenken der Kübel in den Boden gibt zusätzlichen Schutz. Weiterhin kann das Abdecken der Pflanzen mit Folienresten sinnvoll sein, um Schäden zu vermeiden.

Das isolierte Gewächshaus steht auch für andere Kulturen bereit. So kann bereits im Spätwinter die Anzucht von Jungpflanzen beginnen, wenn ein Frostwächter eingerichtet wird.

**9**

# Selbst Gewächshäuser & Frühbeete bauen

Schritt für Schritt richtig gemacht

# Selbst Wintergärten & Gewächshäuser bauen

Schritt für Schritt richtig gemacht

Weltbild

# EIN WORT ZUVOR

Selbermachen – ein Hobby, das heute für Millionen zur sinnvollen Freizeitbeschäftigung geworden ist. Ob es sich nun um die gemietete Altbauwohnung oder um die eigenen vier Wände handelt, mit etwas Geschick und einer fachmännischen Anleitung lassen sich oft verblüffende Ergebnisse erzielen: bei kleineren Reparaturen, beim Renovieren und Verschönern und beim Um- und Ausbauen.
Und Selbermachen bringt Spaß. Freude an der eigenen Arbeit, deren Ergebnis man Tag für Tag sehen und »bewundern« kann; es spart Geld, mit dem sich lang gehegte Wünsche erfüllen lassen, und es macht unabhängig von Handwerkern, auf die man womöglich wochenlang und schließlich vergeblich gewartet hat. Fachgeschäfte, Heimwerker- und Baumärkte versorgen den Hobby-Handwerker mit allen Werkzeugen und Materialien, die er braucht. Doch richtiges Werkzeug und Begeisterung allein reichen nicht aus. Unerlässlich sind eine gründliche Vorbereitung und Fachkenntnisse, wie eine Arbeit durchzuführen und was dabei zu beachten ist.

COMPACT PRAXIS **Selbst Wintergärten und Glashäuser bauen** zeigt, wie man's macht. Mit wertvollen Tipps und Tricks, die sich in der Praxis tausendfach bewährt haben. Jeder Arbeitsgang wird ausführlich Schritt für Schritt gezeigt und in Bild und Text erläutert. Übersichtliche Symbole zeigen auf einen Blick, mit welchem Schwierigkeitsgrad, welchem Kraft- und Zeitaufwand Sie bei jedem Arbeitsgang rechnen müssen, welche Werkzeuge Sie brauchen und wie viel Geld Sie durch Ihre eigene Arbeit einsparen können.

**Info**

● **Schwierigkeitsgrad**

0 1 2

● **Kraftaufwand**

0 1 2

● **Arbeitszeit**
**(z. B. 4 Std./m²)**

● **Ersparnis**
**(z. B. 25 €/m²)**

**Und so stufen Sie Ihre Fähigkeiten richtig ein:**

**Schwierigkeitsgrad 1** – Arbeiten, die auch der Ungeübte ausführen kann. Für Arbeiten dieses Schwierigkeitsgrades ist nur geringes handwerkliches Geschick erforderlich.

**Schwierigkeitsgrad 2** – Arbeiten, die einige Übung im Umgang mit Werkzeug und Material erfordern. Es ist handwerklich durchschnittliches Geschick notwendig.

**Schwierigkeitsgrad 3** – Arbeiten, die fachmännische Übung erfordern. Für Arbeiten dieses Schwierigkeitsgrades ist überdurchschnittliches Geschick erforderlich.

**Kraftaufwand 1** – Leichte, einfache Arbeit, die jeder bequem erledigen kann.

**Kraftaufwand 2** – Arbeiten, die eine gewisse körperliche Kraft voraussetzen.

**Kraftaufwand 3** – Arbeiten für kräftige Heimwerker, die keine »Knochenarbeit« scheuen.

# Fachkunde

Die meisten Häuser bieten Platz für weitere An- oder Ausbauten. Ob Sie einen Wintergarten zu Wohnzwecken anbauen, einen Balkon verglasen oder ein Gewächshaus aufbauen wollen, in jedem Fall werten Baumaßnahmen dieser Art eine Hausanlage auf.

- Was gilt es an baurechtlichen Gesetzen zu beachten?
- Welche unterschiedlichen Bauformen gibt es?
- Welche Heizsysteme können installiert werden?
- Welches Verhältnis von Licht und Schatten sollte beachtet werden?

Durch eine umsichtige Begutachtung verschiedener Projekte und eine gezielte Planung sind wirkungsvolle (An-)Bauten möglich. Im Mittelpunkt muss eine klare Entscheidung über die Art der Nutzung stehen, um den passenden Standort zu wählen.

# BAURECHTLICHES

Ob Sie einen Wintergarten zu Wohnzwecken erstellen, einen Balkon verglasen oder nur ein einfaches Gewächshaus aufbauen, in den meisten Fällen ist der Gang zu den für die Genehmigung zuständigen Behörden oder zumindest die Einhaltung grundsätzlicher Vorschriften notwendig.

Bevor Sie also in die konkrete Planung eintreten, sollten Sie sich die entsprechenden Informationen besorgen. Detaillierte Auskunft zu den gesetzlichen Grundlagen, wie Grenzabstände, maximale Baukörperabmessungen, vorgeschriebene Baumaterialien, erhalten Sie bei den lokalen Baubehörden.

Bei Baumaßnahmen in landkreiszugehörigen Gemeinden sind dies die Landratsämter. Kreisfreie Städte haben eigene Behörden, wie z. B. die Lokalbaukommission.

Vergessen Sie bei Ihrem ersten Gang zu den Behörden nicht, einen aktuellen Lageplan Ihres Grundstücks mit dem eingezeichneten Grundriss der vorhandenen Bebauung mitzunehmen. Nur so kann sich der Sachbearbeiter ein Bild der örtlichen Gegebenheiten machen.

Selbstverständlich können Sie auch selbst die gesetzlichen Grundlagen im Bundesbaugesetz oder in der entsprechenden Landesbauordnung nachlesen. Gesetzestexte sind allerdings für den Laien manchmal nur schwer verständlich und werden nicht immer richtig interpretiert. Vor allem sollten sie immer auch in einer kommentierten Fassung vorliegen, um einigermaßen einsichtig zu sein.

Da im Rahmen der kommunalen Selbstverwaltung Gemeinden auch über die oben genannten Gesetze hinaus, z. B. in speziellen Ortssatzungen, individuelle Einzelvor-

Wintergarten aus Holz

schriften erlassen können, ist der Gang zur Gemeindeverwaltung ratsam. Neben den notwendigen Gängen zu den zuständigen Behörden kann es auch nicht schaden, mit den Nachbarn schon einmal ein informatives Vorgespräch zu führen. Dies ist besonders dann geboten, wenn eventuell die nachbarliche Zustimmung notwendig wird, um un-ter bestimmten Voraussetzungen eine Ausnahmeregelung für den geplanten Neubau durch die Genehmigungsbehörde zu erhalten.

Wohnlicher Wintergarten

Bei Eigentumswohnungen ist darüber hinaus meist auch die Zustimmung der Eigentümerversammlung notwendig.

In gemieteten Wohnungen und Häusern müssen Sie das Einverständnis des Eigentümers oder der Hausverwaltung einholen, um Um- oder Anbauten vorzunehmen bzw. Wintergärten oder Glashäuser zu bauen.

Die Planungsunterlagen bei den Baubehörden müssen im Allgemeinen von einem berechtigten Entwurfsverfasser – z. B. Architekt, Planzeichner, Bauunternehmer – unterzeichnet sein.

Falls Sie sich für einen Bausatz entscheiden, sollten Sie sich bei der Lieferfirma nach entsprechenden Unterlagen erkundigen.

Manche Firmen stellen auch ohne zusätzliche Kostenerhebung die entsprechenden Unterlagen zur Verfügung, die alle Angaben zum baurechtlichen Antragsverfahren enthalten.

# PLANUNGSGRUNDLAGEN

Sind alle genehmigungsrechtlich relevanten Voraussetzungen bekannt, können Sie mit der individuellen Planung beginnen. Zuerst sollten Sie jedoch grundsätzliche Überlegungen zu Ihrem Bauvorhaben anstellen. Im Mittelpunkt muss dabei die klare Entscheidung über die spätere Nutzung stehen, um den passenden Standort wählen zu können.

Ein Glasbau, der als reines Pflanzengewächshaus vorgesehen ist, muss einen höheren Lichteinfall gewährleisten. Bei der Standortwahl sollten Sie deshalb darauf achten, dass weder Gebäude- noch Baumschatten die Sonneneinstrahlung beeinträchtigen.

Bedenken Sie außerdem, dass in einem Gewächshaus höhere Temperatur und größere Luftfeuchtigkeit zur Förderung des Pflanzenwachstums durchaus erwünscht sind.

Ausreichende Lüftung und Möglichkeiten der Beschattung spielen dagegen in einem zu Wohnzwecken genutzten Glashaus für ein behagliches Wohnraumklima eine wichtige Rolle.

Wohn-Wintergarten – hell und großzügig geplant

Durch eine gut durchdachte und gezielte Planung ermöglicht ein Wintergarten eine Pufferzone zwischen Innen- und Außenbereichen des eigentlichen Wohngebäudes. In den kühleren Zeiten können Sie den Wärmeverlust über Hauswand und Fensterbereich reduzieren und somit eine deutliche Senkung des Heizbedarfs erreichen.

Diesen Effekt können Sie noch verstärken, wenn Sie Ihren Wintergarten so in das Wohngebäude integrieren, dass er ein Teil des Wohnbereichs wird und bei Sonneneinstrahlung gleichsam als Warmluftheizung dient.

Voraussetzung für diese Art der energetischen Nutzung ist natürlich, dass die Verglasungsflächen mit speziellem Wärmeschutzglas ausgeführt werden. Sonst kann es passieren, dass der zusätzliche Anteil der kostenlosen und umweltfreundlichen Solarwärmegewinnung bei fehlender Sonneneinstrahlung, also besonders nachts, verloren geht.

Rollos oder Fensterläden leisten ebenfalls einen weiteren Beitrag gegen Wärmeverlust.

## Standort und Bauformen

Wenn Sie den Standort Ihres Wintergartens frei wählen können, so sollten Sie die von Ihnen beabsichtigte Himmelsrichtung mit berücksichtigen.

Die bevorzugte Himmelsrichtung für den Glasbau ist die Südseite. Da hier die Sonneneinstrahlung das ganze Jahr über am intensivsten ist, ist die Beheizung mittels Sonnenenergie gesichert. Für die Sommernutzung sind allerdings umfassende Beschattungs- und Lüftungseinrichtungen notwendig, um ein angenehmes Wohnklima zu erreichen.

Die Ostseite bietet bereits zum Frühstück angenehme Wärme und ist auch als Arbeitsplatz geeignet, da die heiße Nachmittagssonne nicht in den Raum scheint. Die Westseite ist im Sommer sehr heiß, da die tagsüber erwärmte Luft bis spätabends weiter aufgeheizt wird.

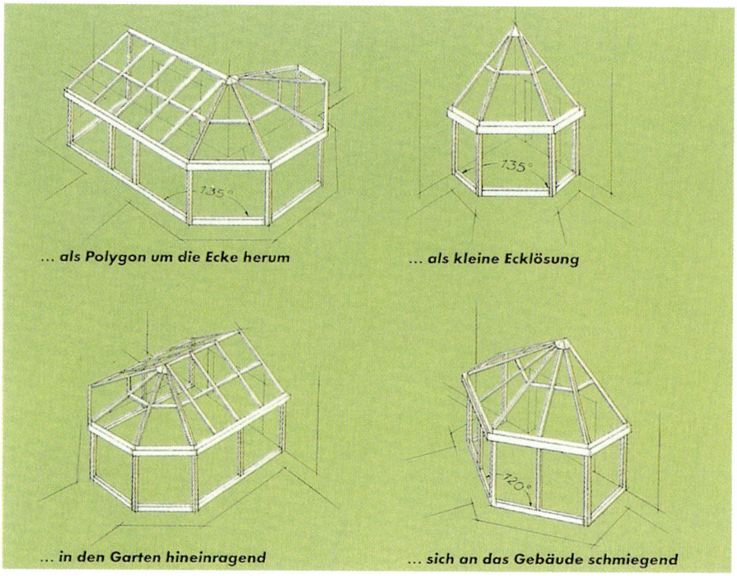


Bauformen

Im Winter dagegen steht die Sonne meist schon zu tief, um noch eine wärmende Kraft zu bilden. Diese Lage ist also für die Nutzung in den Übergangszeiten ideal.

Die Nordseite ist der optimale Arbeitsplatz, mit viel Licht, aber kaum blendender Sonne. Ein Anbau an der Nordseite schützt das Haus vor Auskühlung, denn der Wärmeverlust über Wand- und Fensterflächen ist an dieser Seite besonders hoch. Ein Wintergarten als Klimapuffer hilft so, Heizkosten zu sparen.

Darüber hinaus spielen aber bei der Standortwahl auch noch weitere Erwägungen eine Rolle. So sollten Sie z. B. beachten, dass eventuell notwendige Zuleitungen, wie Wasser oder Strom, möglichst kurz gehalten werden und ohne zu großen Aufwand zu bewerkstelligen sind. Der Anschluss ans Wohnhaus erweist sich hier als vorteilhaft, besonders wenn eine Beheizung des Wintergartens über das Heizsystem des Hauses erfolgen soll.

Häufig kann ein günstig positioniertes Gewächshaus aber auch als Sicht- oder Windschutz für einen Sitzplatz im Garten oder auf der Terrasse genutzt werden. Sie sollten dabei nicht vergessen, dass der Eingang auch für Schubkarren gut erreichbar sein muss, um notwendige Erd-, Dünge- und Pflanzarbeiten ohne allzu große Umstände ausführen zu können.

Bezüglich der Bauform sollten Sie auf eine harmonische Anpassung an den vorhandenen Baukörper achten. Sie können z. B. die Dachform des Hauses auch für das Dach des Wintergartens übernehmen.

Ein Satteldach bietet den Vorteil der großen Firsthöhe und somit die Möglichkeit, auch größere Pflanzen aufzunehmen.

Meistens werden allerdings Wintergärten mit Pultdach gebaut, die sich entweder über die ganze Hauslänge erstrecken oder nur einen Teil davon beanspruchen.

Optisch ideal ist es, wenn Wintergarten und Hausdach die gleiche Neigung besitzen und beide Bauwerke praktisch ineinander übergehen. An der Stirnwand wirkt ein Pultdachbau meist weniger harmonisch, da es sich der vorgegebenen Architektur des Hauses nicht unterordnet. Oft lässt sich aber bei preiswerten Bauausführungen der Anbau kaum anders lösen.

Wintergärten müssen keineswegs immer nur an das Gebäude angesetzt werden. Neue Möglichkeiten der Gestaltung ergeben sich, wenn das Glashaus in vorhandene Bauten integriert werden kann, z. B. in die Innendecke eines Winkelhauses. Durch diesen neuen Baukörper können dann sogar mehrere Zimmer miteinander verbunden werden.

Sie können auch Glasbauten zur wettergeschützten Verbindung zweier getrennter Baukörper einfügen. Eine weitere Möglichkeit stellen sogenannte Lichtdächer dar, bei denen der Dachanteil des Wintergartens so angelegt ist, dass er einen Teil des üblicherweise mit Ziegeln eingedeckten Hausdaches ersetzt.

Häufig genutzte Standorte sind auch die Betondächer von Garagen oder Hochterrassen, sodass der Wintergartenanbau auf der Höhe der ersten Etage liegt. Die Skizzen auf Seite 10 zeigen verschiedene Bauformen für Ihren Wintergarten. Neben diesen gibt es aber noch viele weitere Möglichkeiten.

# HEIZSYSTEME

Wintergarten – an das Heizsystem des Hauses angeschlossen

Vollständig wärmeisolierte Wintergärten, die zu Wohnzwecken genutzt werden, benötigen üblicherweise keine eigene Heizversorgung; sie werden einfach an das bestehende Heizsystem des Hauses angeschlossen.

Ideal ist es natürlich, wenn auch das Gewächshaus für die Pflanzenaufzucht durch die bestehende Heizanlage mit versorgt werden kann. Wo der Anschluss wegen unverhältnismäßig großem Aufwand nicht zu realisieren ist, werden eigene Heizsysteme benötigt.

Der Fachhandel bietet Heizsysteme in unterschiedlichen Größen und für verschiedene Energieträger an. Die Entscheidung für ein bestimmtes System hängt letztlich von der geplanten Nutzung ab. So ist die ganzjährige Beheizung mit Elektroenergie, besonders wenn es sich lediglich um einfache Warmluftradiatoren handelt, meist viel zu kostenintensiv.

Andererseits lohnt es sich natürlich auch nicht, die hohen Kosten für eine vollautomatisch klimagesteuerte Warmwasserbodenheizung zu investieren, wenn das Gewächshaus nicht auch entsprechend intensiv genutzt wird.

**TIPP** Für welches System Sie sich auch entscheiden: Grundsätzlich gilt, dass nur spezielle Gewächshausheizungen auch wirklich den besonderen Sicherheitsanforderungen, die für derartige Räume gelten, angepasst sind.
So sind beispielsweise normale Heizlüfter, wie sie für den Wohnungsbereich angeboten werden, nicht für Feuchträume zugelassen. Sie würden leicht korrodieren und könnten damit durch Kurzschluss rasch zu einem Sicherheitsrisiko für Mensch und Gebäude werden.

Spezielle Gewächshausheizungen sind sicherheitstechnisch so ausgerüstet, dass sie den Betriebsbedingungen entsprechen. Dazu gehören beispielsweise Temperaturbegrenzer für die Heizwendel, für den Dauerbetrieb ausgelegte Lüftermotoren, außentemperaturgeregelte Thermostatsteuerung oder bei Gasbetrieb z. B. Katalysatorbrenner, zur Reduzierung des giftigen Kohlenmonoxidanteils. Diese Einrichtungen erhöhen meist nicht nur die Sicherheit, sondern reduzieren obendrein den benötigten Energiebedarf und helfen somit, Betriebskosten zu sparen.

Elektroheizlüfter bietet der Fachhandel in zahlreichen Varianten an. Zur Mindestausstattung sollte ein Thermostatregler gehören, der das stufenlose Einstellen der gewünschten Anschalttemperatur ermöglicht.

Manche Geräte besitzen sogar eine energiesparende Zwei-Stufen-Regelung. Hierbei schaltet der Thermostat bei absinkender Außentemperatur zunächst nur eine Heizwendel ein. Erst wenn die eingestellte Temperatur mindestens weitere 3° C unter den gewünschten Wert fällt, wird eine zweite Heizwendel zugeschaltet. Die Hauptheizzeit wird also mit geringerer Kilowattzahl bewerkstelligt und damit kostengünstiger gefahren. Außerdem wird die Ventilatorlaufzeit verlängert, was das Klima im Gewächshaus deutlich verbessert und die Gefahr des Pilzbefalls für die Pflanzen verringert. Um diesen gewünschten Effekt nicht zum teuren Energiefresser werden zu lassen, sollten Sie beim Kauf allerdings darauf achten, dass die Stromaufnahme des Ventilators möglichst gering ist. Dies ist besonders auch im Hinblick auf den Einsatz des Geräts zur kühlenden Luftumwälzung im Sommer von Bedeutung.

Elektroheizlüfter

Voraussetzung ist natürlich, dass das Gerät überhaupt eine Lüfterstufe besitzt, also der Ventilator getrennt von den Heizwendeln schaltbar ist, und eine deutlich höhere Luftleistung im Vergleich zu herkömmlichen Heizlüftern vorhanden ist.

Einen Ventilator benötigen Sie letztlich auch zur pflanzengerechten Beheizung, da erst durch die erhöhte Luftumwälzung eine geringere Ausblastemperatur ermöglicht wird. Sie verhindert das Austrocknen der heizungsnahen Pflanzenbereiche. Außerdem sorgt eine erhöhte Luftumwälzung dafür, dass die Temperatur im Gewächshaus gleichmäßig

verteilt ist. Unerwünschte Temperaturdifferenzen, z. B. warm im oberen Bereich und kalt im Bodenbereich, werden dadurch vermieden.
Gute Elektroheizlüfter weisen zusätzliche Sicherheitseinrichtungen auf, z. B. Temperaturwächter, die ein Heißlaufen des Ventilatormotors verhindern, oder Sicherheitstemperaturschalter, die im Störfall, beispielsweise bei Verschluss der Ausblasöffnung, die Elektrowendel abschalten.

Alternativ zur Stromenergie bieten sich auch Heizgeräte mit Propangasbetrieb an. Die Versorgung kann entweder durch Anschluss an einen bereits für die Hausheizung vorhandenen Gastank oder mittels eigener Gasflaschen erfolgen.
Manche Geräte ermöglichen auch den gleichzeitigen Anschluss einer zusätzlichen Reserveflasche, die automatisch zugeschaltet wird, sobald die momentane Versorgungsflasche leer ist. Besonders in kalten Winternächten kann es Probleme geben, wenn die Heizung wegen Gasmangels ausfällt: Die Pflanzen können erfrieren, die Arbeit mehrerer Wochen ist zunichte gemacht.

Heizgerät mit Propangas

Zur Energieeinsparung bieten die meisten Hersteller ihre Geräte mit einer automatischen Thermostatregelung an, die allerdings lediglich über zwei Regelstellungen – Minimum oder Maximum – verfügen. Noch deutlichere Energieeinsparungen lassen sich erzielen, wenn darüber hinaus eine zusätzliche Nullabschaltung vorhanden ist. Diese unterbricht die Gaszufuhr zum Brenner vollständig, wenn die Gewächshausinnentemperatur trotz niedrigster Heizstufe immer noch zu hoch ist. Bei Absinken der Temperatur wird die Gaszufuhr wieder freigeschaltet und der Brenner gezündet.

Zusätzliche Energieeinsparungen bei gasbetriebenen Heizgeräten lassen sich durch Katalysatortechnik erreichen. Sie erhöht den Wirkungsgrad durch einen vollständigeren Verbrennungsvorgang und liefert darüber hinaus eine mit Kohlendioxid angereicherte Gewächshausluft, die auf das Pflanzenwachstum einen durchaus positiven Effekt ausüben kann. Bei Dauerbetrieb sollte allerdings der Anschluss einer Abgasanlage erwogen werden, da sich eine Überdosis an Kohlendioxid auf die Pflanzen auch schädlich auswirkt.

Heizanlagen, die ihre Wärmeenergie über die Luft abgeben, sind für Gewächshäuser nicht so gut geeignet. Durch die großflächige Fensteraußenhaut geht sehr viel Wärme verloren, sodass nur ein Teil der abgegebenen Wärmeenergie wirklich für die Pflanzen genutzt werden kann.

Im gewerblichen Gartenbau ist man deshalb längst dazu übergegangen, durch Bodenheizungen die Wärmeenergie für Pflanzen effektiver einzusetzen.

Diese Bodenheizsysteme eignen sich auch für kleine Gewächshäuser. Es gibt zwei Systeme: Entweder werden elektrische Bodenheizkabel oder wasserführende Spezialschläuche verlegt. Während Erstere recht einfach mittels Stecker an das bestehende Hausstromnetz anzuschließen sind, benötigt die Warmwasserbodenheizung einen beheizbaren Warmwasserboiler, eine Pumpstation mit Umwälzpumpe, Ausgleichsgefäß, Manometer, Füll- und Entleerungshahn, Entlüftungsventil etc.

Das Verlegen der wärmenden Schlauchleitungen kann wahlweise als direkte Bodenheizung, aber auch als bodennahe Randleistenheizung erfolgen.

Klimagerät

Gleichermaßen gut geeignet zum Heizen wie auch zum Kühlen sind sogenannte Klimageräte. Bei dieser Technik wird durch den Einsatz von Betreibungsenergie in Form von Strom die bereits vorhandene Temperatur auf ein höheres Niveau hochgepumpt und so zur Beheizung genutzt.

So wird eine zwei- bis dreimal höhere Heizleistung im Vergleich zur eingesetzten Betreibungsenergie erreicht.

# LICHT UND SCHATTEN IM RICHTIGEN VERHÄLTNIS

Außenrollos schützen vor zu starker Sonneneinstrahlung

Wenn Sie in Ihrem Wintergarten im Sommer keine Spiegeleier braten wollen, müssen Sie von Anfang an darauf achten, dass Bepflanzung, Belüftung und Fensterflächen im richtigen Verhältnis zueinander stehen. Dann verschonen Sie nicht nur Ihre Pflanzen vor größeren Schweißausbrüchen, die sich als Schwitzfeuchtigkeit über den gesamten Raum legen und ein gutes Raumklima zerstören. Sie können außerdem auf ein aufwendiges Beschattungssystem verzichten. So zweckmäßig und umweltfreundlich es ist, den Treibhauseffekt zum Beheizen von Wintergärten oder Glashäusern auszunutzen, so problematisch kann er in heißen Sommern werden. Glas ist nämlich in der Lage, kurzwelliges und energiereiches Sonnenlicht zu einem großen Anteil durchzulassen.

Massive Wände und gut speichernde Fußböden aus Naturstein oder Keramik absorbieren die Strahlung und geben sie als Wärme wieder in den Raum ab.

Deshalb muss in jedem Fall für eine ausreichende Be- und Entlüftung gesorgt sein. Hier kann als Faustregel gelten: 20 % der gesamten Glasflächen müssen sich öffnen lassen. Zusätzliche Lüftungsklappen sind für eine angenehme Raumtemperatur sehr zu empfehlen.

## TIPP

Am wirkungsvollsten werden die Klappen an der Stehwand und am Abluftflügel im Dachbereich angebracht. In diesem Fall strömt die Außenluft durch die Zuluftklappen am Glasdach entlang und nimmt die heiße Luft im Inneren des Gebäudes durch die Dachlüftung wieder mit nach außen.

Lassen Sie sich von einem Fachmann ausrechnen, wie groß die Zu- und Abluftöffnungen sein müssen, damit Sie später nicht in einer unangenehmen Zugluft sitzen.

Wenn keine dichten Laubbäume im Garten als natürliche Schattenspender vorhanden sind, sollten Sie unbedingt einen künstlichen Sonnenschutz anbringen, um zu vermeiden, dass sich der Glasanbau während der Mittags- und Nachmittagszeit wirkungsvoll aufheizt.

Innenschattierung

## TIPP

Einer Überhitzungsgefahr im Sommer wirken auch natürliche Schattenspender wie Bäume, hohe Sträucher und Kletterpflanzen entgegen. Pflanzen Sie z. B. einen Kirschbaum südlich bzw. südwestlich Ihres Wintergartens oder Glashauses. Im Sommer spendet er durch sein Blätterkleid reichlich Schatten. Im Winter ist er kahl und lässt so die Sonnenstrahlen passieren, die zu dieser Jahreszeit sowieso nur flach einfallen.
Dieser naturnahe Sonnenschutz hat allerdings auch eine Schattenseite: Bei Neubauten dauert es mitunter Jahre, bis die Bäume groß genug sind, um als natürliche Schattenspender zu dienen.

Am wirkungsvollsten wird die Sonne durch eine Schutzvorrichtung in die Schranken gewiesen, die außerhalb des Wintergartens oder Glashauses installiert ist. Sie lässt die Sonne nämlich erst gar nicht durch das Glas dringen. Unabdingbar für jede Außenschattierung: Sie muss wind- und wetterfest sein.

Vorsicht beim Montieren: Sie dürfen den Lüftungseffekt nicht behindern. Halten Sie einen Mindestabstand von 15 cm zu den Luftklappen. Moderne Markisensysteme in unterschiedlicher technischer Ausführung schützen Dach und Seitenwände durch strapazierfähige Markisen aus festen Textilien.

Kostengünstiger und sauberer kommen Sie mit einer Innenschattierung zu Ihrem Schattendasein: Jalousien, Lamellen und Raffrollos aus Baumwollstoff oder aus aluminiumbedampften Geweben bieten einen guten Sonnenschutz.

Sie laufen an einem Seilzug oder in Schienen und werden entweder per Handkurbel oder elektrisch bedient. Faltstores werden auch nach Maß angefertigt. So erhalten Sie auch für komplizierte Fensterformen, z. B. Dreiecke, Schrägen oder sogar Rundbögen, problemlos einen passenden Sonnenschutz. Bei verwinkelten Übergängen sind alubedampfte Stoffe in Laufschienen ein probates Mittel, weil sie praktisch alle Hindernisse nehmen.

# Materialkunde

Für den richtigen Bau von Wintergärten und Glashäusern sollten die verschiedener Materialien und Verarbeitungsarten bekannt sein.

- Wie bleibt Holz auf Dauer schön?
- Was ist bei dem Werkstoff Glas zu beachten?
- Welche Techniken gewähren stabile und dauerhafte Verbindungen?
- Wann eignen sich Dachentlüftungsfenster?
- Was ist bei der Verarbeitung von Plexiglas zu beachten?
- Welche Materialien eignen sich als sichere Tragekonstruktionen?

Wenn Sie sich über die Grundlagen der Werkstoffe und Werkzeuge, mit denen Sie arbeiten wollen, informiert haben, werden Ihre Arbeiten mit Sicherheit gut gelingen

# WERKSTOFF GLAS

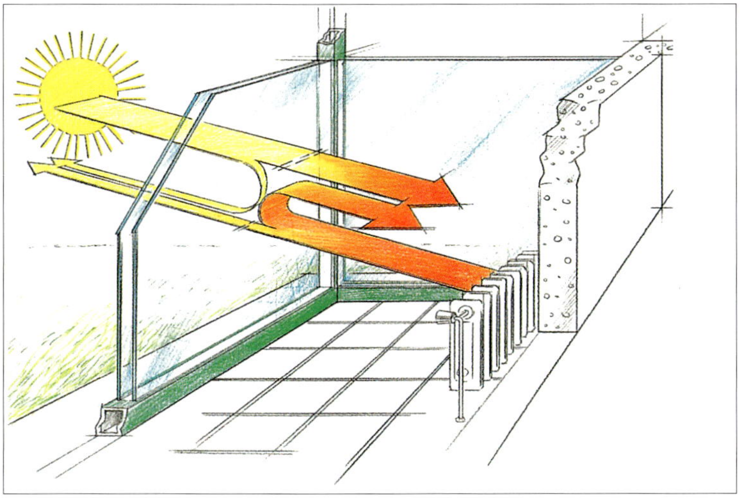

Das Verhalten von Licht- und Wärmestrahlen im Wintergarten mit Wärmeschutzverglasung

Glas ist ein Naturmaterial. Schon in der späten Steinzeit, etwa 7000 Jahre vor Christus, wurde Glas verwendet. Damals kannte man die wichtigsten Materialien zur Herstellung von Glas. Dies sind Quarzsand, Kalk und Soda. Rohstoffe also, die heute noch ausreichend zur Verfügung stehen und für die Glasproduktion verwendet werden.

Während in der Steinzeit die Herstellung von Glas schwierig war, wird heute das Wohnbauglas im »Floatverfahren« produziert. Dieses Verfahren hat das Glas wesentlich verbilligt. Damit ist es möglich geworden, den Einsatz von Glas in der Solararchitektur erschwinglich zu gestalten.

Die Art der Verglasung ist für die Behaglichkeit im Wintergarten maßgeblich verantwortlich. Der Wärmedämmwert der Verglasung sollte aus diesem Grund so hoch wie möglich sein. Denn mit steigender Wärmedämmung sinken der Energiedurchlassgrad und die Lichtdurchlässigkeit der Verglasung. Für die Helligkeit im Wintergarten ist das ohne Belang. Im Gegensatz zu anderen Baustoffen lässt die Verglasung kurzwelliges und energiereiches Licht zu einem großen Anteil durch. Die Strahlen treffen auf Wände, Fußböden und Einrichtung, werden dort absorbiert und als Wärme wieder abgegeben.

Diese abgestrahlte Wärme ist langwellig. Die empfohlene Wärmeschutzverglasung lässt diese Wellen kaum durch. Die Wärme bleibt deshalb im Raum. Man spricht von einer sogenannten Solarfalle. Diese Solarnutzung während der Heizperiode kann allerdings nur dann genutzt werden, wenn Sonnenlicht ungehindert in den Raum eindringen kann. Die Wärmedämmung (Wärmerückfluss) von Glas wird als k-Wert bezeichnet. Je höher der k-Wert, desto mehr Wärme geht verloren.

Einscheibenglas:
k-Wert = 6,0 W/m$^2$K
Isolierglas:
k-Wert = 3,0 W/m$^2$K
Spezialisolierglas:
k-Wert = 1,3 W/m$^2$K

Faustregel: Der maximale k-Wert der Verglasung sollte unter 1,4 W/m$^2$K liegen.

Doch entscheidend ist nicht nur der k-Wert, sondern auch der sogenannte G-Wert, der Lichtdurchlasswert. Er gibt an, wieviel Licht durch das Glas ins Innere dringt. Das Glas für einen Wintergarten sollte also einen möglichst hohen G-Wert haben.

Einscheibenglas:
G-Wert = 87 %
Isolierglas:
G-Wert = 77 %
Spezialisolierglas:
G-Wert = 65 %

Für die Verglasung des Wintergartens sollten Sie also ein Glas verwenden, das einen möglichst niedrigen k- und einen möglichst hohen G-Wert besitzt.

Die Funktion der Verglasung:

- Sie trennt Innen- und Außentemperatur.
- Sie lässt viel Licht und Energie in den Innenraum.
- Sie lässt wenig Wärme wieder nach außen.

Achten Sie darauf, dass das Glas widerstandsfähig, farbneutral und pflegeleicht ist. Ebenso wichtig ist,

Wintergarten mit Sicherheitsglas

dass alle Glasdachflächen mit einer Kombination aus Einscheiben-Sicherheitsglas (ESG) oder aus Verbundscheiben (VSG) versehen sind. Ein ESG-Glas zerfällt bei Bruch in kleinste Stücke (verletzungshemmende Krümelbildung). Beim Anfassen der Splitter werden so ernsthafte Verletzungen vermindert. Das VSG-Glas dagegen zerspringt beim Bruch nicht, weil es durch eine Folie zusammengehalten wird.

Bei Solarglashäusern wird in der Regel Isolierglas mit verschweißtem Randverbund (z. B. Gado oder Sedo) oder Isolierglas mit organisch verklebtem Randverbund verwendet. Die Gado- und Sedo-Gläser werden hergestellt, indem man zwei Glastafeln im Randbereich bis zum Schmelzpunkt erhitzt, abkröpft (umbiegt) und miteinander verschmilzt.

Der Zwischenraum zwischen den Scheiben wird danach mit trockener Luft oder mit Gas gefüllt. Organisch geklebte Gläser hingegen werden über einen Abstandhalter mit einem dauerelastischen Dichtstoff ausgefüllt.

Für die Stehwände können Sie jedes Glas verwenden. Im Dachbereich wird das Isolierglas mit verklebtem Randverbund zusammen mit Sicherheitsscheiben (ESG oder VSG) eingesetzt.

Die Stellen, an denen die Gläser aneinanderstoßen, werden in der Regel mit Silikon verklebt und mit einem Kunststoffstreifen zusätzlich abgedichtet. Es kann aber auch Isolierglas verwendet werden, bei dem die obere Scheibe übersteht.

Für die Solararchitektur haben Sie auch die Möglichkeit, Plexiglas oder anderes Kunststoffglas zu verwenden. Hier ist es ebenso wichtig, auf den k-Wert und eine optimale Lichtdurchlässigkeit zu achten. Die Durchsichtigkeit wird jedoch bei

Plexiglas

Kunststoff immer schlechter sein als bei Glas. Daher müssen Sie sich bereits bei der Planung über den späteren Verwendungszweck des Anbaus sicher sein, damit Sie die richtige Verglasung wählen können.

Für den unbeheizten Wintergarten reicht eine Bedachung mit Stegdoppelplatten und eine einfache Verglasung der senkrechten Wände völlig aus. Der unbeheizte Wintergarten wird während der kalten Jahreszeit ohnehin vom Wohnbereich abgetrennt.

Eine solche einfache Verglasung hat jedoch den Nachteil, dass zu viel dieser Wärme wieder durch das Glas nach außen abgegeben wird. Deshalb ist ein Isolierglas, besser noch ein Spezialglas, z. B. ein beschichtetes Glas, das Richtige für die Speicherung von Wärme. Das beschichtete Glas reflektiert die Wärmestrahlung, also das infrarote Licht, wieder ins Rauminnere. Natürlich muss die Energieeinsparung im Verhältnis zu den höheren Anschaffungskosten der Spezialgläser stehen.

**TIPP** Im Bereich der Überkopfverglasung ist Verbundsicherheitsglas vorgeschrieben. Das gibt es ebenfalls als Wärmeschutzverglasung. Es sei denn, Sie wählen dafür sogenannte Stegdoppelplatten, die robust sind, aber bei Weitem nicht soviel Helligkeit in Ihren Wintergarten strömen lassen.

# SO BLEIBT HOLZ AUF DAUER SCHÖN

Fichte

Eiche

Kiefer

Holz ist das klassische Material, wobei es im Fensterbau – und natürlich beim Einsatz in der Konstruktion von Wintergärten – sehr strengen Güteanforderungen unterworfen ist. Diese werden durch unabhängige Prüfinstitute ständig kontrolliert. Hat ein Fenster außer der Bezeichnung »hergestellt nach DIN 68360« noch das RAL-Gütezeichen, das von der »Gütegemeinschaft für Fenster und Türen« vergeben wird, können Sie als Kunde sicher sein, dass dieses Produkt allen technischen Anforderungen entspricht, was Wärmedämmung, Lärmschutz, Wind- und Regendichtigkeit anbelangt.

## TIPP

- Holz benötigt eine verrottungssichere Verankerung im Fundament.
- Auch widerstandsfähige Sorten, wie Western Red Cedar und Oregon Pine, sollten Sie regelmäßig mit einem Lack- oder Lasuranstrich vor dem Verwittern schützen.
- Vollholzbalken aus heimischen Hölzern neigen zu Rissen und verziehen sich leicht. Ziehen Sie deshalb Leimbinder vor, das ist auf jeden Fall die formstabilere Variante.

Die am häufigsten im Wintergartenbau eingesetzten Hölzer sind Fichte, Kiefer, Eiche, Douglasie und Oregon Pine. Welches Holz Sie auswählen, hängt zum einen von Ihrem persönlichen Geschmack, zum anderen aber auch sehr stark von den Witterungsbedingungen ab, denen der Wintergarten ausgesetzt sein wird.

Für direkt der Witterung und intensiven Sonnenbestrahlung ausgesetzte Holzelemente sollten möglichst helles Holz und helle Beschichtungen gewählt werden. Je dunkler der Farbton, desto stärker ist die Wärmeaufnahme. Die Oberfläche trocknet zu schnell aus, vergraut und reißt. Feuchtigkeit kann in das Holz eindringen und zu Schäden führen. Bei harzreichen Holzarten wie Kiefer oder Oregon Pine, führt die Wärme außerdem zu vermehrtem Harzaustritt.

Pfosten, Rahmen und Streben müssen wirksam vor Hitze, Kälte, Nässe und UV-Strahlung geschützt

Konstruktiver Holzschutz

werden. Dabei unterscheidet man zwischen konstruktivem und chemischem Holzschutz sowie dem Oberflächenschutz.

Der konstruktive Holzschutz wird zu einem Teil bereits vom Hersteller geleistet. Dazu zählen die Konstruktion, die Profilausbildung sowie die Auswahl des Holzes, das verarbeitet wird. Wichtig ist natürlich auch die sachgerechte Montage.

Ein chemischer Holzschutz ist bei ausreichendem baulichen Holzschutz bei Fenstern nicht notwendig. Der Oberflächenschutz dient als Wetterschutz für das Holz. Deckende Beschichtungen und pigmentierte, biozidfreie Lasuren ziehen nicht in das Holz ein. Sie dienen nur dazu, Wasser und UV-Strahlung von der Oberfläche des Holzes abzuweisen. Regelmäßige Kontrolle und Erneuerung helfen, die optischen und funktionellen Eigenschaften des Fensters auf Dauer zu erhalten.

Moderne Holzfenster-Profile sind so konstruiert, dass zumindest Zweischeiben-Isolierglas nach der Wärmeschutzverordnung eingesetzt werden kann. Für den Einbau von Mehrscheiben-Isolierglas oder Funktionsscheiben gibt es entsprechend stärker dimensionierte Profile. Die genauen Mindestmaße sind in der DIN 68121 für alle Hersteller verbindlich festgelegt.

Über eine Wetterschutzschiene aus Aluminium am unteren Rahmenholm wird Wasser, das bei Regen z. B. durch ein gekipptes Fenster in den Falz eingedrungen ist, gesammelt und über die Wasseraustrittsöffnungen nach außen abgeführt.

## Kleine Holzkunde

Für den Bau von Wintergärten sollten Sie weitgehend auf Tropenhölzer und andere Exoten verzichten. Im Außenbereich haben sich die bereits erwähnten europäischen und nordamerikanischen Hölzer bewährt, die auch wesentlich leichter erhältlich und meistens preisgünstiger sind. Diese Hölzer haben von Natur aus ein schönes Aussehen und können durch sorgfältige und umsichtige Oberflächenbehandlung noch erheblich aufgewertet werden.

Holz nimmt Luftfeuchtigkeit auf, speichert sie und gibt die eingelagerte Feuchtigkeit bei trockener Luft wieder an die Umgebung ab. Bei feuchter Witterung weiten sich die Zellen durch die Aufnahme von Feuchtigkeit aus. Wenn das Holz trocknet, ziehen sich die Zellen wieder zusammen. Dabei verändert sich ständig die Form des Holzes – es arbeitet. Der Fachmann nennt diese Formveränderung Quellen und Schwinden. Dadurch verändert sich natürlich auch die äußere Form des Holzes.

Besonders schwierig wird es dann, wenn mehrere Holzteile miteinander verbunden werden, da sich natürlich nicht jedes Holzteil genau wie das andere verhält. Werfen, Verziehen und Rissbildung sind die Folgen, die aber nicht nur bei Holzverbindungen, sondern auch beim einzelnen Werkstück auftreten. Frisches Holz hat einen Feuchtigkeitsgehalt von etwa 60 %. Bis es zur Verarbeitung kommt, sollte die Feuchte durch Trocknung auf 15 bis 18 % zurückgegangen sein.

Das Holz, das Sie im Baumarkt oder beim Holzhändler roh oder bereits als fertigen Wintergarten-Bausatz kaufen, ist meistens schon auf dieses Niveau abgetrocknet. Wenn das Holz feuchter ist, lässt es sich wesentlich schwerer verarbeiten; außerdem ist sein Gewicht durch das eingelagerte Wasser viel größer. Das Schwinden des Holzes sollten Sie immer mit einplanen. In Richtung der Jahresringe ist dieser Schwund am geringsten. Ansonsten müssen Sie mit einem erheblichen Schwund von bis zu 10 % rechnen! Das zeigt, wie wichtig es ist, auf gute, lufttrockene Ware beim Kauf zu achten. Ungleichmäßige Holztrocknung führt durch die großen Spannungen schnell zu Rissen im Holz.

Holz im Außenbereich

# DIE RICHTIGE TRAGEKONSTRUKTION

Als Tragekonstruktion für Ihren Wintergarten oder Ihr Gewächshaus kommen Stahl-, Aluminium-, Kunststoff-Alu-, Holz- und Holz-Alu-Konstruktionen infrage. Ausschlaggebend für die Wahl des Materials wird die Struktur des vorhandenen Baukörpers sein. Wegen der extremen Beanspruchung durch die Witterung stellt die Verglasung hohe Anforderungen an die einzelnen Bauteile, an die Anschlüsse untereinander sowie an die Anschlüsse an das Hauptgebäude. Neben der statischen Berechnung erfordern die Bewegungen der Bauteile entsprechend den thermischen Belastungen Konstruktionen mit dauerelastischen Dichtungen.

Wintergarten mit Stahlprofilen

Stahl ist sehr druck-, zug- und biegfest, hat aber den Nachteil, dass er leicht rostet. Die unterschiedlichen Stahlsorten sind nach ihrer Güte in verschiedene Gruppen unterteilt. Im Wintergartenbau und bei der Konstruktion von Glashäusern finden die Sorten mit der Bezeichnung St 37, St 46 und St 52 Verwendung. Stahl ist sehr stabil, deshalb haben die Profile meist einen kleinen Querschnitt. Stahlkonstruktionen wirken dadurch sehr filigran. Üblicherweise werden Stahlteile durch Schweißen verbunden, daher ist die Bearbeitung dieses Materials wohl nur für sehr versierte Heimwerker geeignet. Sie müssen zudem über entsprechendes Werkzeug (E-Schweißgerät o. ä.) verfügen. Außerdem ist es wichtig,

**TIPP** Verzinkte Teile dürfen nicht ohne spezielle Absaugvorrichtungen verschweißt werden, da dabei hochgiftige Dämpfe entstehen. Für den Heimwerker ist das Verschweißen von verzinkten Teilen daher in den meisten Fällen nicht geeignet.

dass Sie bereits ausreichend Erfahrung bei entsprechenden Arbeiten gesammelt haben, da die Stabilität solcher Konstruktionen erheblich von der Qualität der Schweißnähte abhängt. Wollen Sie Ihren Wintergarten dennoch aus Stahlelementen bauen, so sollten Sie zumindest für die Verbindung der Rahmenteile auf sachkundige Hilfe (z. B. Schlosser) zurückgreifen.

Um die Korrosion (Rost) von Stahlteilen zu unterbinden, haben Sie verschiedene Möglichkeiten. Ein sehr häufig angewandter Korrosionsschutz ist die Feuerverzinkung. Dabei werden die Konstruktionsteile in einer Verzinkerei in ein spezielles Bad getaucht. Neben den Kosten für die Feuerverzinkung entstehen dabei auch noch die Kosten für Hin- und Rücktransport der sperrigen vormontierten Rahmenteile.

Ein weiterer Nachteil ist, dass Farbanstriche auf verzinktem Untergrund leicht abblättern. Das hat zwar keine Auswirkungen auf den Korrosionsschutz, der durch die Feuerverzinkung nach wie vor gegeben ist, beeinträchtigt aber das Erscheinungsbild des Wintergartens oder des Glashauses – und macht immer wieder Schönheitsreparaturen erforderlich.

Anstriche – Schutz und Zierde

Neben der Feuerverzinkung schützen Anstriche gut vor Rostbildung. Hier müssen Sie unterscheiden zwischen dem Grundanstrich, der der eigentlichen Korrosionsverhinderung dient, und dem Deckanstrich zum Schutz des Grundanstrichs gegen Feuchtigkeit, Abnutzung und Lichteinwirkung. Fachhandel oder Baumärkte haben für beide Anstricharten ein umfangreiches Sortiment auf Lager. Besonders beim Grundanstrich sollten Sie unbedingt auf höchste Qualität der Erzeugnisse achten. Grundanstriche mit der Bezeichnung „Mennige" oder „Zinkchromat" haben sich bestens bewährt.

Für einen dauerhaften Rostschutz sollten Sie in der Regel zwei Grundanstriche und zwei Deckanstriche auftragen. Bei einwandfreier Ausführung können solche Anstriche ihre Schutzfunktion bis zu 10 Jahre gewährleisten. Wenn Sie allerdings nicht sorgfältig genug gearbeitet haben, ist schon viel eher ein neuer Anstrich nötig. Wichtig: Sorgfältig entrosten – auch wenn es sehr viel Zeit und Mühe kostet.

Neben dem bisher beschriebenen passiven Rostschutz sollten Sie auch die Grundsätze des aktiven Rostschutzes beachten. So können Sie bereits im Vorfeld durch überlegte Konstruktion künftige »Rostfallen« vermeiden. Dazu gehört u. a. die Vermeidung von Schmutz- und Wasseransammlungen durch Öffnungen für den Wasserabfluss oder auch die Verwendung nicht rostender Bauelemente als Abstandhalter an feuchtigkeitsspeichernden Auflagepunkten.

Stahlkonstruktionen im Wintergartenbau eignen sich wegen der hohen Temperaturleitfähigkeit des

Wintergarten aus Aluminiumbauteilen

Materials überwiegend für nicht winterfeste Glasanbauten.

**Aluminium:** Im Gegensatz zu Holz und Stahl hat Aluminium den großen Vorteil, dass es gegenüber Witterungseinflüssen praktisch unempfindlich ist. Darüber hinaus lassen sich wegen des geringen Gewichts und der hervorragenden Festigkeit alle möglichen konstruktiven Spielereien realisieren. Aluminium ist, ebenso wie Stahl, in den vielfältigsten Profilformen lieferbar. Obwohl Aluminium in der Anschaffung relativ teuer ist, sind die Gesamtkosten wegen der entfallenden Maßnahmen für Korrosionsschutz und Korrosionsbeseitigung auf lange Sicht gesehen durchaus mit anderen Materialien vergleichbar. Aluminiumbauteile gibt es auch in Farbausführungen, die durch Eloxieren des Metalls entstehen.

Für Sie als Heimwerker ist Aluminium geeignet, weil es wegen seines geringen Gewichts leicht zu verarbeiten ist. Außerdem lässt es sich mit den üblicherweise vorhandenen Werkzeugen gut bearbeiten, wie z. B. Säge, Bohrer, Schleifer. Für die Verbindung von Aluminiumbauteilen eignen sich z. B. Niet- und Schraubverbindungen. Beachten Sie dabei aber, dass Sie nur nicht rostende oder oberflächengeschützte (verchromte) Stahlschrauben einsetzen dürfen.

Serienprofile haben meist zwischen dem Außen- und Innenrahmen eine thermische Kunststofftrennung. Diese ist notwendig, um Schwitzwasserprobleme an der Innenseite zu vermeiden.

Bei der Bearbeitung von Aluminium ist zu beachten, dass es zwar enorm witterungsbeständig ist, aber dass es bei Berührung mit anderen Materialien zu Kontaktkorrosion kommen kann. So müssen Sie beispielsweise in Feuchtbereichen eine Berührung mit Stahl- oder Holzteilen durch das Zwischenlegen entsprechender Spezialfolien verhindern. Daneben erfordert die Empfindlichkeit des Aluminiums gegen Säuren und Basen besonders während der Rohbauzeit gewisse Kontaktschutzmaßnahmen. Hässliche, nicht mehr zu beseitigende Flecken auf den Sichtflächen können Sie umgehen, wenn Sie diese Teile sorgfältig vor Mörtelspritzern schützen. Einfache Verunreinigungen von Aluminiumteilen können Sie mit sanften Reinigungsmitteln (z. B. Geschirrspülmittel) entfernen. Verwenden Sie zur Reinigung kein laugenhaltiges Abwaschmittel.

**TIPP**

Viele Hersteller nehmen Kunststoffprofile später wieder zurück. Adressen von Annahmestellen erfahren Sie beim:
Verband der Fenster- und Fassaden-Hersteller e.V.
Walter-Kolb-Str. 1–7
60594 Frankfurt/Main.

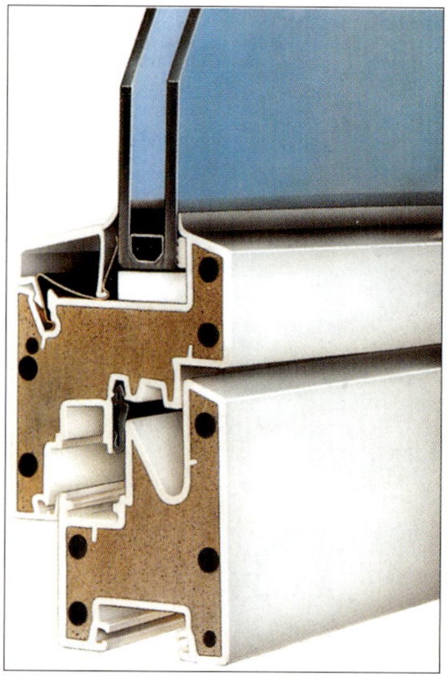

Profilsystem Blend- und Flügelrahmen

**Kunststoff:** Profile aus Kunststoff gewinnen auch beim Wintergartenbau immer mehr Marktanteile. Inzwischen gelten diese Produkte als hochwertige Bauelemente, die alle bautechnischen und bauphysikalischen Anforderungen problemlos erfüllen. Heute werden überwiegend sogenannte Mehrkammerprofile verwendet. Dabei ist der eigentlichen Hauptkammer, in die ein Aussteifungsprofil aus Aluminium oder verzinktem Stahl eingeschoben ist, eine wärmedämmende Isolierkammer vorgelagert. Sie nimmt von außen eindringende Kälte oder Wärme auf, gleicht sie aus und stabilisiert so die Temperatur innerhalb des Profils. Die Ecken werden im Spiegelschweißverfahren ohne Zugabe von Klebern oder sonstigen Hilfsstoffen direkt Kunststoff auf Kunststoff verschweißt, damit eine stabile und homogene Verbindung entsteht.

Selbst hohen statischen Anforderungen genügen sogenannte Aluminium-Kunststoffverbund-Profile. Dabei übernimmt ein ringsum geschlossener Aluminium-Profilrahmen alle statischen Funktionen. Die Wärmedämmung wird durch eine geschlossene Ummantelung aus PVC-Schaum bewirkt, die das Material vor Witterung und Umweltbelastungen schützt.

Auf dem Gebiet der Kunststoffprofile hat sich in den letzten Jahren einiges getan. Gerade für den Einsatz im Wintergarten- und Fensterbau sind neuartige Profile entwickelt worden: vollmassiv, dadurch besonders wärme- und schalldämmend (k-Wert 1,7 W/m²K). Es kommt zu keiner Schwitzwasserbildung, die Eckverbindungen sind formstabil, dadurch sind schlanke Konstruktionen möglich. Die Profile verziehen sich praktisch nicht, d. h. die Längenausdehnung ist sehr gering. Durch integrierte Glasfaserstäbe sind große Spannweiten möglich. Das Material ist witterungsbeständig, dadurch gibt es kein Abblättern und keine Korrosion. Auch das Streichen können Sie sich sparen. Da das Material zudem auch noch lichtecht ist, bleicht es weder aus noch vergilbt es. Kurzum: Diese Profile sind völlig wartungsfrei.

# DAS GIBT DEN RICHTIGEN HALT

Je nach verwendetem Material müssen Sie die verschiedensten Techniken einsetzen, um dauerhafte, stabile und sichere Verbindungen zu schaffen.

Der natürliche Baustoff Holz erfordert einige Grundkenntnisse und natürlich handwerkliches Geschick. Pfosten, Sparren und Pfetten müssen mithilfe von Dübeln oder durch Schlitz und Zapfen miteinander verbunden werden. Natürlich gibt es im Fachhandel auch stabile Verbinder aus Metall in verschiedenen Winkeln, die einfach mit Spax®-Schrauben angeschraubt werden. Der Nachteil: Diese Winkel sind zu sehen, optisch also nicht sehr schön.

Zum Aufbau von Aluprofilen brauchen Sie, falls die Verbindungselemente nicht im Bausatz mitgeliefert wurden, zumindest eine Nietzange und entsprechende Nieten – und dazu die nötige Erfahrung.

Bei Stahlkonstruktionen ist – wie bereits erwähnt – Schweißen angesagt. Und Schweißen ist eigentlich die Aufgabe eines Fachmanns. Fertige Elemente im Baukastensystem werden üblicherweise miteinander verschraubt.

Dübel, Schrauben und Nägel

Verbinder aus Metall

Nietzange

Dichtmasse

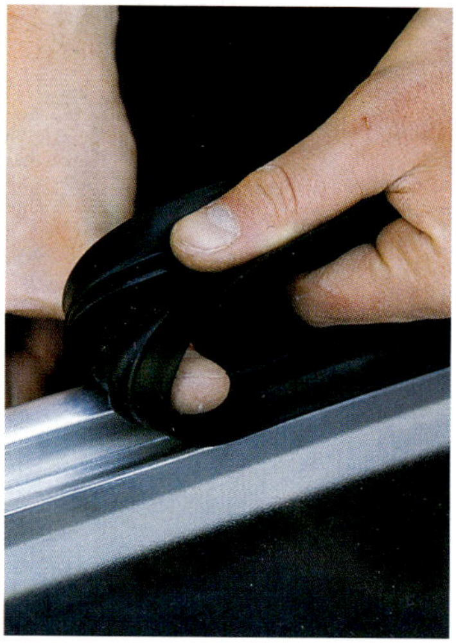

Dichtprofile

Besonders sorgfältig muss die Verglasung eingesetzt bzw. befestigt werden. Egal ob Sie Stegdoppelplatten aus Kunststoff oder Elemente aus Einscheiben-Sicherheitsglas montieren, es kommt auf die richtigen Befestigungsprofile an. Am besten geeignet sind Aluminiumprofile. Sie sind leicht zu verarbeiten und haltbar.

**TIPP** Beachten Sie die Bauvorschriften: Abhängig von der gewählten Glasart müssen bestimmte Materialspannungen eingehalten werden. Auch der Rahmen darf sich nur in bestimmten Grenzen durchbiegen, die nach DIN 1249 für den Einzelfall berechnet werden können.

# Dichtmasse, Dichtband und Dichtprofil

Dichtmasse wird in plastischem Zustand verarbeitet und ist dauerelastisch. Sie ist in Kartuschen erhältlich und wird mit einer Druckspritzpistole angebracht. Hauptanwendung: Abdichtung oder Versiegelung feuchtigkeitsgefährdeter Fugenbereiche. Dichtbänder sind meist mit einer selbstklebenden Schicht versehen und dienen häufig zur Abdichtung großflächiger Stoßstellen verschiedener Baumaterialien (Hausmauer/Anschlussprofil). Dabei erfüllen sie neben ihrer abdichtenden häufig auch eine dämpfende Funktion (Fensterrahmen/Glasscheibe). Dichtprofile können sowohl aus biegsamem Gummi als auch aus unbiegsamem Kunststoff bestehen. Sie werden bei der Verglasung serienmäßig gefertigter Standardprofile eingesetzt (z. B. beim Abdichten und Fixieren von Plexiglasscheiben).

# FENSTER UND TÜREN – WICHTIG ZUR BELÜFTUNG

Der Treibhauseffekt – und damit verbunden die erhöhte Innen- im Vergleich zur Außentemperatur – ist bei Wintergärten und Glashäusern im Winter und in den Übergangszeiten durchaus erwünscht.

Bei direkter Sonneneinstrahlung im Sommer kann es jedoch zu einer unerträglichen Aufheizung bis weit über 60° C kommen.

Darüber hinaus kann es in der kühlen Jahreszeit in gut isolierten Glashaus- und Wintergartenbauten, besonders bei einem hohen Pflanzenanteil, zu hoher Luftfeuchtigkeit und damit zu Kondenswasserbildung kommen. In beiden Fällen ist eine Regulation durch den Einbau ausreichend dimensionierter Lüftungselemente nötig.

Für Wintergärten, die zu Wohnzwecken genutzt werden, bieten sich besonders großflächige Schiebetüren an. Diese können Flügelbreiten von bis zu 3 m erreichen. Sie erlauben bei entsprechender Anordnung eine terrassenähnliche Öffnung des Wohnraums.

Neben normalen Schiebetürelementen, die im Bodenbereich über eine

Großflächige Schiebetür

Faltschiebetür

Bürstendichtung verfügen, eignen sich für vollisolierte Wintergärten besonders Hebeschiebetüren. Das Öffnen erfolgt über eine leicht bedienbare Mechanik, die die Tür anhebt; beim Schließen senkt sich die Tür und rastet in ein Dichtungsprofil ein.

Die Gestaltung besonders breiter Öffnungsfronten erlaubt die Verwendung von Faltschiebetüren. Diese bestehen aus einzelnen, durch Scharniere verbundene Türflügel, die beim Öffnen zusammengefaltet werden.

Der Einbau sollte so erfolgen, dass die Faltflügel nach außen schwenken. Dies hat nicht nur den Vorteil, dass im Innenraum Platz gespart wird, sondern diese Methode erhöht auch die Dichtigkeit, da durch den Winddruck von außen die Türflügel stärker in ihre Dichtungsprofile gepreßt werden.

Neben Türen können natürlich auch Fenster die Lüftungsfunktion übernehmen. Dies bietet sich besonders bei großräumigen Wintergärten, die zum Wohnen gedacht sind, an.

Fenster und Türen ermöglichen zwar eine rasch wirksame Quer- bzw.

Großräumiger Wohn-Wintergarten mit Fensterlüftung

Stoßbelüftung, sind aber wegen der damit verbundenen Zugluft als Dauerbelüftung nur bedingt einsetzbar. Deshalb sollten unbedingt auch Dachbelüftungselemente mit eingebaut werden. Als Richtmaß für die Dimensionierung gilt: Für etwa 25 $m^3$ Rauminhalt sollte eine Dachlüftungsfläche von 1 $m^2$ eingeplant werden.

Sowohl für Gewächshäuser als auch für Wintergärten gibt es Dachentlüftungsfenster, die von der einfachen manuellen bis hin zu einer automatischen temperatur- und feuchtigkeitsgesteuerten Ausführung reichen.

Eine weitere Möglichkeit zur Belüftung bieten Ventilatoren, die ebenfalls temperaturgesteuert sein sollten. Die Anbringung von temperaturgesteuerten Ventilatoren erfolgt am besten in den Wärmestaubereichen direkt unter der Dachverglasung.

Ausreichende Belüftungselemente sind absolut notwendig. Sie sollten sich schon vor Baubeginn überlegen, welche Art der Belüftung (im Zusammenhang mit der Art der Wohnraumnutzung) für Sie infrage kommt.

Dachentlüftungsfenster

# DIE WICHTIGSTEN WERKZEUGE

Auf diesen beiden Seiten finden Sie Kurzbeschreibungen der wichtigsten Werkzeuge, die Sie benötigen, um Wintergärten und Glashäuser zu bauen. Welche Werkzeuge Sie für einzelne Arbeitsgänge und -anleitungen brauchen, ersehen Sie aus den Abbildungen unter der Rubrik »Werkzeug«, die Sie bei allen Arbeitsanleitungen vorfinden.

## Werkzeuge zum Schneiden

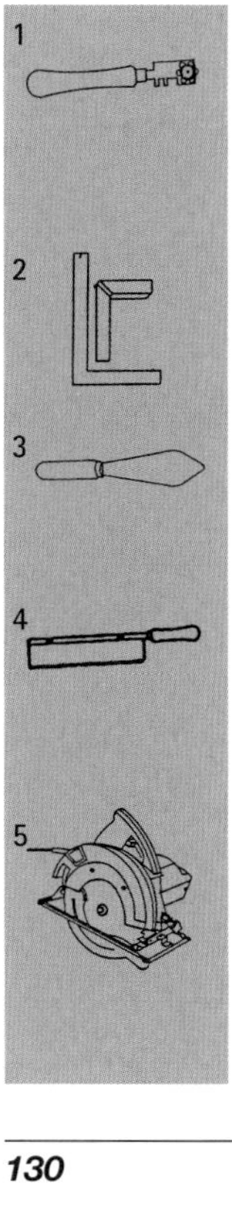


1 **Glasschneider:** Um Einfachscheiben fachgerecht zu schneiden, benötigen Sie den Glasschneider. Mit dem Griff des Glasschneiders klopfen Sie an der Schnittstelle entlang, bevor Sie das Glas über eine Kante brechen.

2 **Winkellineal:** Um Messer oder Glasschneider sauber zu führen, benötigen Sie ein Winkellineal oder eine Anschlagleiste.

3 **Kittmesser:** Mit dem Kittmesser schneiden Sie überstehenden Kitt ab oder schrägen den Kitt vom Glas zum Rahmen hin ab.

4 **Feinsäge:** Mit einer einfachen Holzsäge schneiden Sie Leisten, kleinere Latten auf die richtige Länge. Auch die Klötze zum Verklotzen von Glas sägen Sie damit zurecht.

5 **Elektrische Handkreissäge:** Mit der elektrischen Handkreissäge längen Sie alle Vierkanthölzer und Holzlatten ab. Sie können damit aber auch Plexiglas schneiden. Achten Sie darauf, dass während des Sägens das Plexiglas noch mit einer Folie geschützt ist, um ein Verkratzen des Plexiglases zu vermeiden.

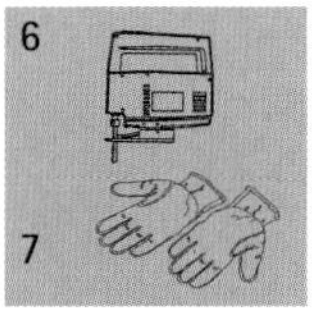


6 **Stichsäge:** Mit der Stichsäge können Sie leicht Plexiglas schneiden. Achten Sie darauf, dass das Plexiglas noch mit einer Folie gegen Verkratzen geschützt ist.

7 **Arbeitshandschuhe:** Schützen vor Verletzungen beim Glasschneiden.

## Werkzeuge zur Oberflächenbehandlung

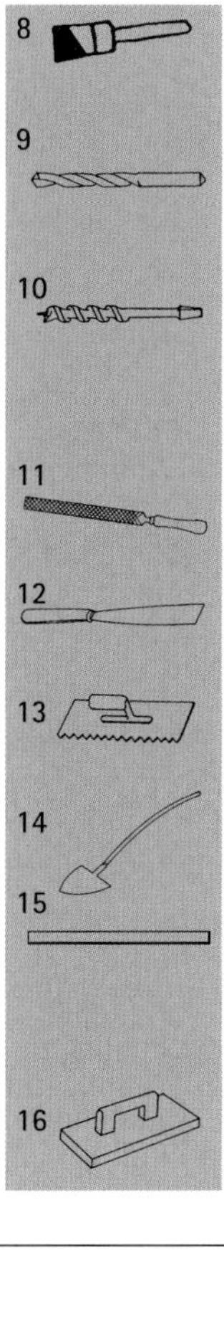


8 **Pinsel:** Geeignete Pinsel benötigen Sie zum Auftragen von Holzschutz, Rostschutz und Deckanstrich.

9 **Steinbohrer:** Mit dem Steinbohrer ist es möglich, alle Löcher für Befestigungen in Mauerwerk zu bohren. In die Löcher setzen Sie dann Dübel ein.

10 **Holzbohrer:** Da die meisten Holzverbindungen aufgrund ihrer Haltbarkeit geschraubt werden, sind Holzbohrer in verschiedenen Größen ein wichtiges Werkzeug.

11 **Feile:** Mit der Feile entgraten Sie Schnittkanten von Plexiglas. Sie brechen damit auch die Kanten von Vierkanthölzern.

12 **Spachtel:** Mit einer Spachtel ziehen Sie überschüssige Silikon-Dichtungsmasse oder Kitt ab.

13 **Zahnkelle:** Mit einer Zahnkelle verteilen Sie Fliesenkleber gleichmäßig auf dem Untergrund.

14 **Schaufel:** Zum Verteilen des Mörtels bei Estricharbeiten.

15 **Abziehlatte:** Mit der Abziehlatte glätten Sie grob den Mörtel für den Estrich und überprüfen, ob der Estrich waagrecht liegt. Ebenso können Sie mit ihr Oberflächen, z. B. beim Betonfundament, abziehen.

16 **Reibebrett:** Zum gröberen Ausgleichen der Estrichfläche führen Sie das Reibebrett in größeren Kreisen.

**17 Stahlglätter:** Dient zum feinen Glätten und zum Verteilen von Ausgleichsmassen.

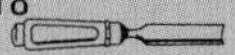

**18 Stemmeisen:** Das Stemmeisen dient dazu, um Kerben für dauerhafte Holzverbindungen zu schaffen.

**19 Drahtbürstenaufsatz:** Mithilfe des Drahtbürstenaufsatzes auf der elektrischen Bohrmaschine können Sie Roststellen an Metallen entfernen.

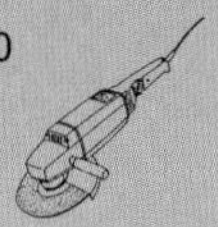

**20 Winkelschleifer:** Der Winkelschleifer mit einer Metallschrubbscheibe eignet sich besonders, um große oder tiefgehende Roststellen an Metallen zu entfernen.

**21 Meißel:** Um Latten oder Balken an die Außenwand eines Hauses anbringen zu können, müssen Sie meist mit Hammer und Meißel Unebenheiten ausgleichen. Vorstehende Putze schlagen Sie ab.

**22 Gewindebohrer:** Für die Verbindung von Aluminiumprofilen müssen Sie in die Verbindungsstücke meist Gewinde bohren.

## Werkzeuge zum Befestigen

**23 Hammer:** Mit dem Hammer können Sie alle Holzverbindungen nageln. Sie benötigen den Hammer außerdem, um hervorstehenden Putz abzuschlagen.

**24 Tacker:** Um auf Sparren, Pfetten und anderen Vierkanthölzern Dichtbänder zu befestigen, benutzen Sie am schnellsten und sichersten den Tacker.

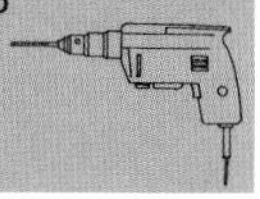

**25 Elektrische Bohrmaschine:** Um Bauteile an den Mauerwerken zu verdübeln und um Schraubverbindungen herzustellen, brauchen Sie eine elektrische Bohrmaschine, die auch als Schlagbohrmaschine einzusetzen ist. Mit der Bohrmaschine können Sie auch Rührgeräte zum Anmachen von Mörtel, Ausgleichsmasse und Fliesenkleber verwenden.

**26 Schraubenzieher:** Für die verschiedenen Schraubengrößen und Schraubenarten sollten Sie sich eine ausreichende Auswahl an Schraubenziehern bereitlegen.

**27 Inbusschlüssel:** Für viele Schraubverbindungen bei Aluminiumprofilen benötigen Sie Inbusschlüssel.

**28 Gabelschlüssel:** Gabelschlüssel der verschiedenen Größen werden gebraucht, um Muttern bei geschraubten Metallbverbindungen anzuziehen.

## Werkzeuge zum Messen

**29 Zollstock:** Mit dem Zollstock vermessen Sie z. B. Längen der Bauteile, Kanten der Bauflächen etc.

**30 Richtschnur:** Die Richtschnur hilft Ihnen, alle Fliesen in der einheitlichen Flucht zu verlegen.

**31 Wasserwaage:** Mit der Wasserwaage stellen Sie fest, ob die Bauteile auch senkrecht oder waagrecht eingebaut oder montiert wurden, bevor sie endgültig befestigt werden.

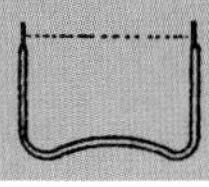

**32 Schlauchwaage:** Um den Untergrund über längere Entfernungen waagrecht zu gestalten, benötigen Sie eine Schlauchwaage.

## Weitere Hilfsmittel

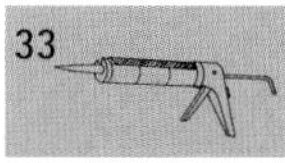

**33 Auspresspistole:** Mit der Auspresspistole verfüllen Sie leicht alle Fugen mit Silikon-Dichtungsmasse.

# Grundkurse

Am Anfang steht die Idee, die Umsetzung ist das Ziel. Vorab sind jedoch einige Überlegungen notwendig:

- Welche Arten der Verglasung eignen sich bei Gewächshäusern?
- Wie lässt sich Plexiglas am besten verarbeiten?
- Was ist beim Errichten von Fundamenten zu beachten?
- Wie werden Holzverbindungen richtig hergestellt?
- Was muss beim Schneiden und Einkitten von Glas beachtet werden?
- Welche Werkzeuge werden für eine Verglasung mit Profilen benötigt?

Räumen Sie schon im Vorfeld möglichst alle Schwierigkeiten aus dem Weg. Alles beginnt bei der sorgfältigen Planung auf dem Papier!

# FUNDAMENTE ERRICHTEN

Ob Sie einen kompletten Wintergartenbau zu Wohnzwecken errichten oder aber nur ein einfaches Gewächshaus im Garten aufstellen wollen: Von der Bodenverankerung und dem Fundament hängt es letztlich ab, ob die errichtete Anlage eine dauerhafte Stabilität besitzt oder nicht.

Foliengewächshäuser benötigen meist keinen eigenen Fundamentaufbau. Sie werden einfach durch Einstecken der Rahmenstahlrohre in das Erdreich verankert. Mit zusätzlichen Erdankern, die sehr zu empfehlen sind, erreichen Sie eine erhöhte Sturmsicherheit.

Für größer dimensionierte Gewächshäuser, die mit Glas oder Stegdoppelplatten ausgestattet sind, ist ein ausreichend starkes Fundament unumgänglich.

**1** Eine für den Selbstaufbau sehr praktische und leicht zu handhabende Möglichkeit stellen Aluminium-Fundamente dar, mit denen manche Hersteller von Selbstbau-Glashäusern ihre Bausätze versehen. Diese Fundamente sind mit Verankerungselementen einfach in den Boden einzuschlagen.

**2** Betonfundamente sind zwar in der Erstellung meist recht aufwendig und arbeitsintensiv, für größere Glasbauten aber aus Stabilitätsgründen unumgänglich.

**3** Punktfundamente bestehen aus einzelnen Betonsockeln, die in Anzahl und Lage entsprechend zu den benötigten Stützen gebaut werden.

Oft ist es sinnvoll, gleich die entsprechenden Bodenanker für die Befestigung der Stützen mit einzubetonieren. Als Mindestgröße können etwa 40 cm Kantenlänge gelten.

**4** Beim Streifenfundament orientieren Sie sich bei den Abmessungen an der Länge und Breite der Außenwände des zu tragenden Glasanbaus. Die Maße können Sie dem zugehörigen Fundamentplan entnehmen.

**5** Eine Fundamentbetonplatte findet meist nur bei Wohn-Wintergärten Verwendung. Zur Armierung werden Baustahlmatten eingebettet. Die Lagenstärke sollte mindestens 15 cm betragen. Die exakten Angaben zu den Plattenabmessungen und der Qualität der verwendeten Baustoffe hängen vom Gesamtbauwerk ab.

6 Voraussetzung für die Herstellung eines Fundaments ist das Einmessen der korrekten Lage. Dies geschieht mit einem Schnurgerüst, das mithilfe von Holzpflöcken zu errichten ist.

7 Bei Streifenfundamenten oder Fundamentplatten werden die Holzpflöcke etwa 1 bis 2 m vom späteren Fundamentbereich entfernt eingeschlagen. Dazwischen spannen Sie jeweils eine Schnur, die die Fluchtlinie der Fundamentaußenkante festlegt. Eine Farbmarkierung am Boden erleichtert das Ausheben.

8 Die Rechtwinkligkeit überprüfen Sie mit einer diagonal gespannten Schnur, deren Länge sich nach nebenstehender Formel ergibt. Das Höhenniveau kontrollieren Sie mit einer Schlauchwaage.

9 Achten Sie darauf, dass die Wände für das Fundament senkrecht abgestochen werden. Unten schmäler werdende Gräben gefährden die Standsicherheit.

Das Fundament sollte eine Tiefe von mindestens 80 bis 100 cm als Frostschutz haben. Wenn eine Sauberkeitsschicht aus Kies notwendig

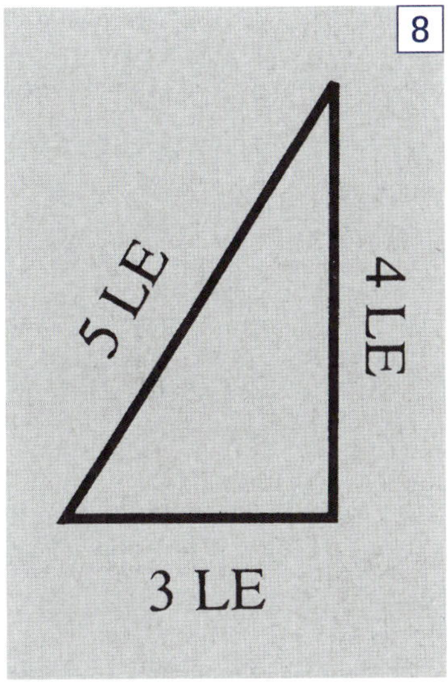

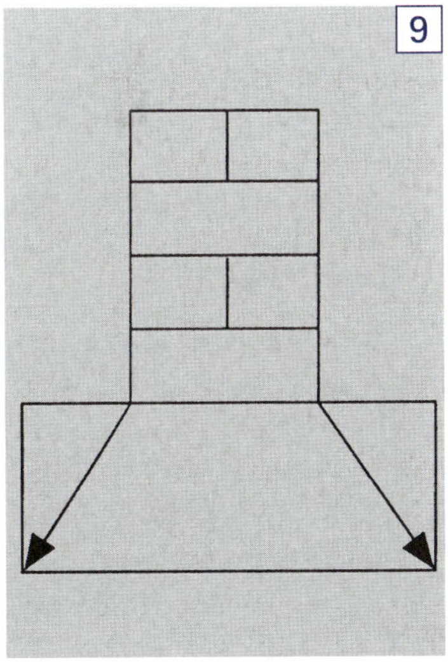

ist, muss der Graben entsprechend tiefer sein.

10

**10** Nun können Sie die Verschalung herstellen. Wenn das Fundament wärmegedämmt werden soll, benutzen Sie dazu PU-Dämmstoffplatten.

Vor dem Einlegen eventuell notwendiger Armierungen sollten Sie eine Plastikfolie als Feuchtigkeitssperre auslegen. Anschließend kann man den Beton eingießen. Dabei muss er immer wieder sorgfältig verdichtet werden. Bei kleineren Flächen kann dies mit einer Schaufel geschehen; für größere Flächen benutzen Sie einen Betonrüttler. Die Gerätschaften können Sie bei Ihrem Baustoffhändler gegen eine geringe Leihgebühr erhalten.

11

**11** Abschließend ist die Oberfläche entlang der Verschalungskante abzuziehen und glattzustreichen.

**TIPP**

Vor dem weiteren Aufbau des Wintergartens muss das Fundament gut aushärten. In einer Trockenphase ist es vor Sonne zu schützen, um ein austrocknen zu verhindern.

# BETONIEREN

Ob Sie nun einen Wintergarten zu Wohnzwecken errichten oder auch nur ein Punktfundament für ein kleines Gewächshaus benötigen, bei allen Arbeiten müssen Sie betonieren.

Im Allgemeinen besteht der Baustoff »Beton« aus einer Mischung aus Zement, Wasser und Sand. Für besondere Anwendungsfälle können auch noch weitere Zusatzstoffe Verwendung finden.

Der Baustoffhandel hält entsprechendes Material bereit und berät Sie ausführlich.

**1** Das Mischen der einzelnen Materialien zur Erstellung des Betons kann auf unterschiedliche Art und Weise erfolgen.

Für geringe Mengen kommen Sie ohne den Einsatz von Maschinen aus. Es genügt, auf einer sauberen Fläche, z.B. einer Metallplatte oder in einer Mischwanne oder im Mörteleimer mit der Kelle, die entsprechenden Anteile Sand und Zement anzumischen. Ein häufig gebräuchliches Standardmischverhältnis ist 4:1. Mit einer Schaufel vermengen Sie Sand und Zement zuerst trocken, dann geben Sie schrittweise die entsprechende Menge Wasser dazu.

**2** Größere Mengen Beton mischen Sie kräftesparender mit einer Betonmischmaschine.

Um möglichst rationell zu arbeiten, sollten Sie das benötigte Material, wie Sand, Zement und einen Wasseranschluss, in unmittelbarer Nähe der Maschine bereitstellen.

Werden große Mengen benötigt, lohnt es sich, in einer Wanne einen Wasservorrat zu schaffen, aus dem rasch mit dem Eimer geschöpft werden kann. Das Füllen der Betonmaschine mit einem Wasserschlauch wäre viel zu zeitraubend. Außerdem läßt sich im Eimer der Anteil der Wassermenge besser einschätzen.

**TIPP**

Lassen Sie die Betonmaschine nur laufen, wenn sie wirklich zum Mischen benötigt wird. Dauerlauf im Leerzustand oder zur Bereitstellung einer bereits fertigen Mischung benötigt viel Strom und produziert unnötigen Lärm.

1

2

**3** Eine praktische Alternative zur herkömmlichen Herstellung von Beton durch Mischen von Sand und Zement sind gebrauchsfertige Mischungen, die sackweise verpackt sind und nur noch einfach mit Wasser angerührt werden müssen. Größere Mengen, wie sie beispielsweise für Betonfundamente benötigt werden, lassen Sie jedoch besser als Frischbetonlieferung anfahren.

**4** Zur Aufnahme der Betonmasse wird eine Schalung benötigt. Diese bestimmt gleichzeitig die Form des Bauteils nach dem Aushärten des Betons. Einfache Schalungen stellen Sie durch das Zusammenfügen von Holzbrettern selbst her. Mit Nägeln fixieren Sie die gewünschte Form. Stützen im Außenbereich dienen zur Stabilisierung beim Einfüllen des flüssigen Betons.

**5** Geflechte aus Baustahlgitter im Innenbereich der Schalung dienen zur Armierung tragender Teile des Betonbauwerks.

Für geringe Belastungen genügt das Auflegen einer einzelnen Lage Baustahlgitter. Anschließend kann der Beton eingefüllt werden.

6 Wichtig ist, dass der Beton gleichmäßig verteilt und dabei auch verdichtet wird. Im kleinen Bereich lässt sich dies mit einer Schaufel, auf größeren Flächen mit einem kompressorbetriebenen Vibrator bewerkstelligen.

7 Den Abschluss der Arbeit bildet das Glattziehen der Oberfläche mit einer Glättkelle.

8 Große Flächen bearbeiten Sie mit einer Abziehlatte, die Sie im Zickzack über den Beton führen. Ideal ist es, wenn Sie eine Schalungskante als Anschlag für das Höhenniveau nutzen können.

Ist die Oberfläche geglättet, muss der Beton mindestens einen Tag trocknen, bevor die Schalung entfernt werden darf. An Sommertagen sollte die Fläche immer wieder mit Wasser berieselt werden, um ein Austrocknen zu verhindern.

**TIPP**

Beton hat eine hautreizende Wirkung. Vermeiden Sie direkten Hautkontakt. Sollten Sie von der Betonmischung etwas ins Auge bekommen, spülen Sie dies sofort mit klarem Wasser aus.

7

8

# HOLZVERBINDUNGEN HERSTELLEN

1

3

2

4

Es gibt die unterschiedlichsten Möglichkeiten, Holzverbindungen herzustellen. Hier sollen nur jene vorgestellt werden, die den verschiedenen Anforderungen an Haltbarkeit, Materialstärke und Ästhetik im Wintergarten- und Glashausbau genügen.

**1** Verzapfungen nach Zimmermannsart gehören wohl zu den ältesten Holzverbindungsarten; sie sind optisch ansprechend, besitzen hohe Stabilität, sind aber in der Herstellung recht arbeitsaufwendig. Die Verzapfung nach Zimmermannsart wendet man hauptsächlich zur Verbindung von rechteckigen Balken und Kanthölzern an.

**2** Nach dem Anreißen der Aufnahmeöffnung für den Zapfen bohren Sie mit einer Bohrmaschine innerhalb der Markierung ein Loch neben dem anderen.

**3** Nun können Sie mit einem Stechbeitel das innere Holzstück ausstechen und die Stege zwischen den Bohrlöchern grob verglätten.

**4** Eine weitere Glättung der Innenkanten erfolgt dann mit einer Holzraspel. Mit ihr können Sie auch die durch die Bohrung entstandenen Ecken als Winkel ausfeilen.

5 In einem nächsten Schritt muss der Zapfen entlang des aufgezeichneten Risses mit einer Säge ausgeschnitten werden.

6 Anschließend können Sie mit einer Raspel noch etwas nacharbeiten und die Ecken abrunden, um das spätere Einpassen des Zapfens gegebenenfalls zu erleichtern.

7 Nach einem Probeeinpassen tragen Sie den Kleber auf und setzen die Zapfen ein. Beim Einpassen können Sie notfalls mit leichten Hammerschlägen etwas nachhelfen.

8 Wird das Verzapfen hauptsächlich für die Verbindung von rechteckigen Balken und Kanthölzern verwendet, so werden flachere Holzwerkstücke durch eine Überblattung miteinander verbunden.

Dazu sägen Sie die zueinander gehörigen Holzteile soweit aus, dass sie bündig ineinanderpassen. Um die Arbeit zu erleichtern, reißen Sie zuvor die Breite und Stärke der abzutrennenden Teile mit dem Bleistift an.

9 Für exakte Schnitte eignet sich die Verwendung einer Gehrungslade und einer Gehrungssäge.

10 Zum Schluss tragen Sie den Kleber auf und pressen anschließend mit einer Schraubzwinge die beiden Werkstücke zusammen.

11 Eine weitere Möglichkeit einer optisch reizvollen Holzverbindung bildet das Einkerben. Die Verbindungsbereiche werden dabei durch einen aufnehmenden Schlitz und den zugehörigen Zapfen gebildet.

Der Zapfen entsteht, indem Sie die äußeren Holzteile absägen. Für den Schlitz müssen Sie nach dem Aussägen der beiden Seitenlinien das Mittelstück mit einem Stechbeitel ausstemmen. Notfalls können Sie mit einer Raspel die Fußleisten nacharbeiten.

## TIPP

Im Umgang mit elektrischen Sägen sollten Sie immer die gängigen Sicherheitsvorschriften beachten. Informationen zu diesem Thema erhalten Sie bei der Arbeitsgemeinschaft der Bau-Berufsgenossenschaft.

# GLAS SCHNEIDEN UND EINKITTEN

Normales Fensterglas in der Standardstärke von 4 mm wird heute vorwiegend nur noch in unbeheizten Gewächshäusern verwendet. Wenn Sie es beim Glaser kaufen, lohnt sich das eigene Zuschneiden kaum, da Sie es dort nach Ihren Angaben zugeschnitten erhalten. Häufig bieten Baumärkte aber auch weniger plan geschliffene und deshalb preisgünstigere Glasscheiben an.

**TIPP**

Glasscheiben mit ungeschliffenen Kanten sollten grundsätzlich mit Arbeitshandschuhen getragen werden.

1 Für die Verglasung benötigen Sie lediglich eine geeignete Anschlagleiste aus Metall oder Holz, ein Metermaß und einen Glasschneider; zum Einkitten brauchen Sie neben Fensterkitt noch ein Kittmesser und Schleifpapier. Zur Bearbeitung legen Sie die Glasscheibe auf eine ausreichend große und möglichst ebene Fläche, z. B. eine Tischplatte, die Sie mit Zeitungspapier bedecken.

2 Jetzt legen Sie die Anschlagleiste als Führungsschiene so auf die Glasplatte, dass der Diamant des Glasschneiders genau auf der geplanten Schnittlinie ruht. Wichtig ist, dass Sie den Schnitt gleichmäßig und in einem Zug von einer Kante zur anderen durchführen. Halten Sie dabei den Glasschneider senkrecht und achten Sie darauf, dass ein knirschendes Geräusch zu hören ist, denn nur dann schneidet der Diamant die Kerbe, die später als Sollbruchstelle dient.

3 Um einen exakten Bruch zu gewährleisten, klopfen Sie mit dem Metallteil des Glasschneiders an der Unterseite der Schnittkerbe entlang.

Jetzt können Sie das überflüssige Glasteil mit einem Ruck entlang der Kerbe über die Tischkante abbrechen.

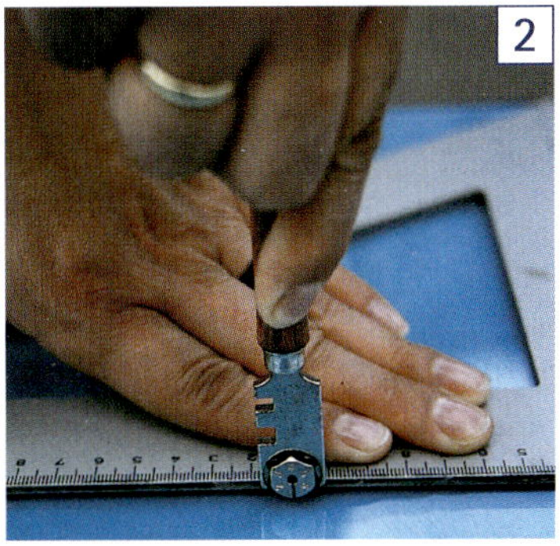


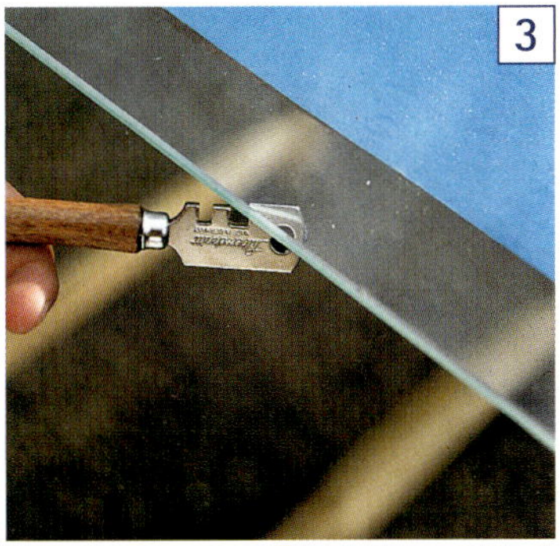


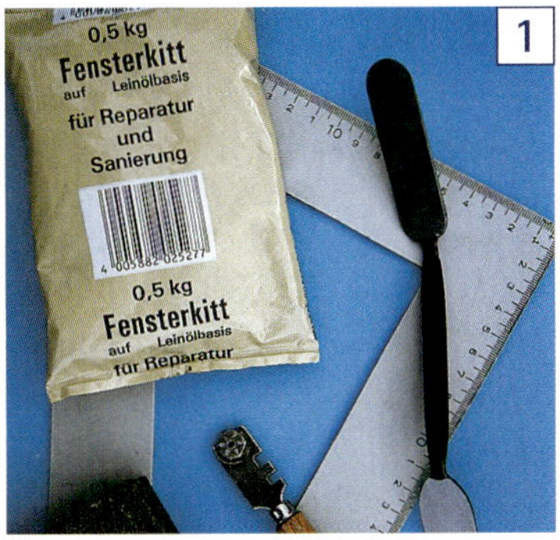

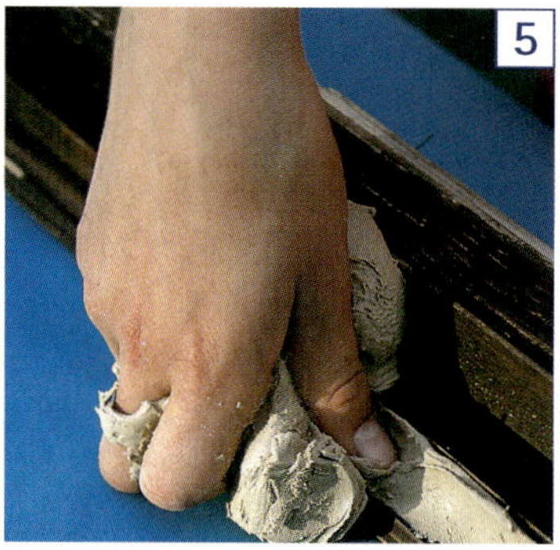


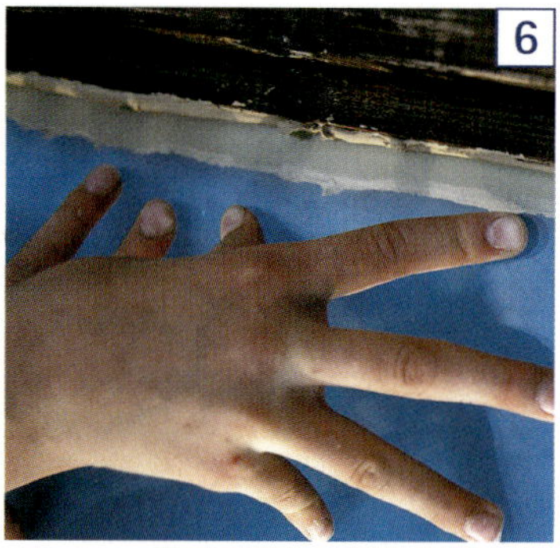


**TIPP** Fallen größere Mengen an Bruchglas an, sollte es dem Glasrecycling zugeführt werden. Fragen Sie beim Abfallamt nach, wo Sie Flachglas abgeben können. Vorsicht: Flaschencontainer sind nur für Hohlglas geeignet!

Wenn es sich nur um einen schmalen Glasstreifen handelt, benutzen Sie dazu die am Glasschneider vorgesehenen Kerben als Hebel.

**4** Die Abschlussarbeit besteht im Entschärfen und Glätten der Schnittkante. Dies geschieht mit einem feinkörnigen Schleifpapier.

Handelt es sich beim Einsetzen der Scheibe um eine Reparaturverglasung, sollten Sie darauf achten, dass der Aufnahmebereich frei von alten Kittresten ist. Überprüfen Sie dann durch das lose Einlegen der Scheibe in den Fensterfalz, ob sie nach allen Seiten ausreichend Spielraum besitzt. Ringsum müssen mindestens 2 mm Abstand zur Rahmenkante vorhanden sein.

**5** Nachdem Sie den Fensterkitt einige Minuten weich geknetet haben, drücken Sie ihn mit dem Daumen in den Fensterfalz.

**6** Legen Sie die Scheibe in das Kittbett und drücken sie soweit ein, dass die Kittschicht darunter etwa 2 mm dick ist. Der herausquellende Kitt an der Unterseite kann mit dem Kittmesser abgezogen werden.

**7** Im nächsten Schritt ist die Scheibe an der Oberseite mit Glaserstiften zu fixieren. Schlagen Sie die Stifte so weit ein, dass einerseits die Scheibe sicher gehalten wird, andererseits die Stifte aber auch vollständig vom späteren Kittbett verdeckt werden.

**8** Zum Schluss wird der Bereich zwischen Scheibe und Falz mit Kitt ausgefüllt und mit dem Kittmesser abgeschrägt.

# PLEXIGLAS BEARBEITEN

Plexiglas lässt sich mit einer Heimwerkerausrüstung relativ einfach bearbeiten. Um jedoch wirklich saubere Ergebnisse erzielen zu können, müssen einige Punkte beachtet werden:

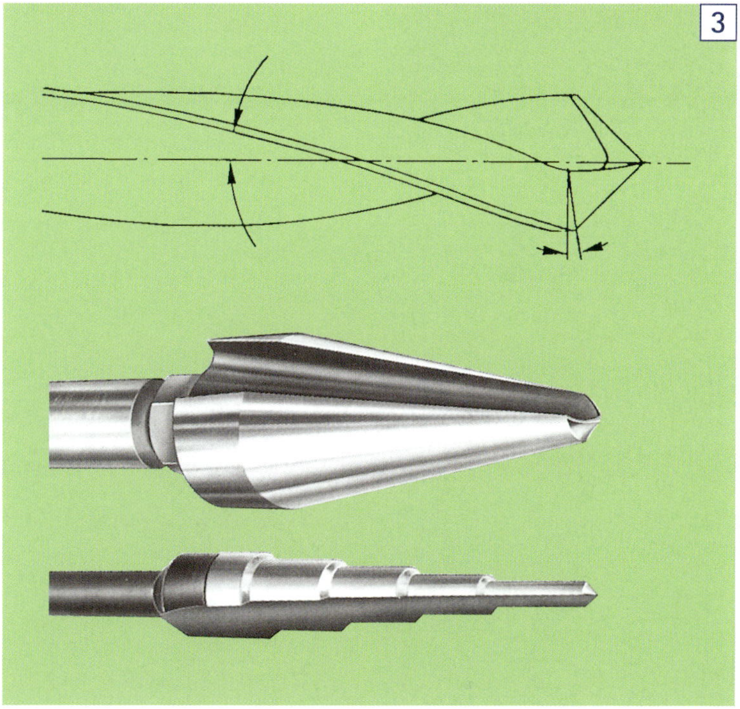

1 Arbeiten an Plexiglasscheiben sollten grundsätzlich nur ausgeführt werden, solange noch die werkseitig angebrachte Schutzfolie vorhanden ist.

Dies gilt besonders für Sägearbeiten, bei denen durch das Führen des Elektrowerkzeugs auf ungeschützten Plexiglasflächen Schleifspuren hervorgerufen werden können, die nicht mehr zu beseitigen sind. Das Anreißen von Trennlinien geschieht am sinnvollsten mit einem Filzstift auf der Schutzfolie.

2 Für den Zuschnitt eignen sich besonders hochtourige Kreissägen mit ungeschränktem Hartmetall-Vielzahnsägeblatt. Für saubere und exakte Schnittkanten sollten Sie beachten, dass eine einwandfreie Führung vorhanden ist. Das Sägeblatt darf außerdem nur wenig über die Plexiglasplatte hinausragen und das Schnittstück darf keinesfalls flattern.

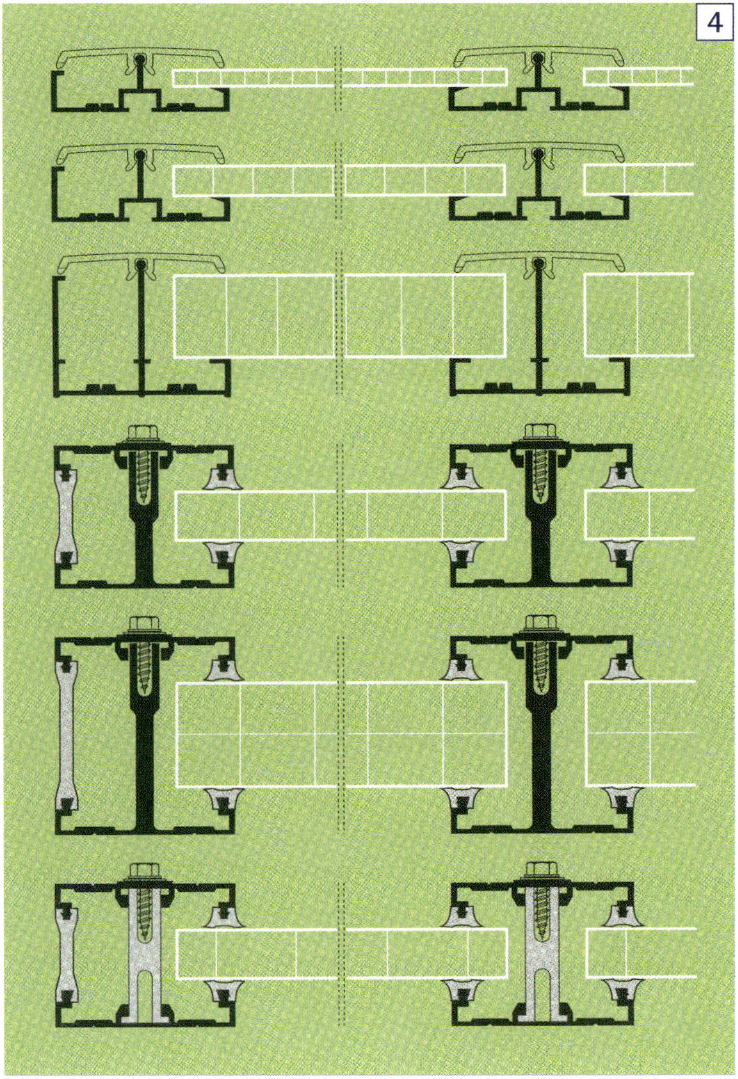

4

**TIPP** Um Kernspannungsbruch zu vermeiden, sollte niemals eine Linie mit spitzen Gegenständen (Reißnagel etc.) angezeichnet werden.

Nach dem Sägen kann das Werkstück mit einer Feile entgratet werden. Die in die Hohlräume eingedrungenen Späne blasen Sie mit Druckluft heraus.

**3** Sollten Sie dennoch Plexiglas anbohren müssen, z. B. beim Vorbohren von Eckaussparungen, so machen Sie das am besten mit Kegel-, Stufen- oder handelsüblichen Spiralbohrern, die mit einem speziellen plexiglasgeeigneten Anschliff versehen sind.

**4** Normalerweise wird Plexiglas jedoch mit entsprechenden Klemmprofilen montiert, die ein Bohren überflüssig machen.

**TIPP** Plexiglasplatten dürfen im Außenbereich nur mit weißer Polyethylen-(PE)-Folie abgedeckt gelagert werden.

# VERGLASUNG MIT PROFILEN

Gerade bei der Dachverglasung von Wintergarten oder Gewächshaus müssen Sie bei der Lagerung, Dichtung und Befestigung der Scheiben ganz besonders sorgfältig arbeiten:

**1** Im Gegensatz zur Senkrechtverglasung werden bei der Dachverglasung die Scheiben nicht auf ihren Kanten stehend montiert, sondern sie ruhen liegend auf den Lagersparren. Die Dichtbänder übernehmen bei dieser Art der Dachverglasung die abstandhaltende Tragefunktion.

**2** Zur Befestigung der Glasplatten dienen spezielle Halteleisten, die so angeordnet sind, dass sie den Stoß überdecken. Befestigt werden die Halteleisten mit Schrauben, die im Sparren verankert sind. Diese Halteleisten dienen neben der Befestigung auch noch der Abdichtung.

Dazu ist – abhängig von dem Hersteller – entweder ein Dichtband oder ein Dichtprofil vorgesehen. Wenn Sie ein Dichtband verwenden, müssen Sie den Außenbereich jedoch mit dauerelastischer Silikon-Dichtungsmasse versiegeln.

Die (helle) Abdeckleiste muss unbedingt die volle Breite des darunterliegenden Sparrens abdecken. Denn der dunkle Untergrund des Sparrenmaterials würde durch Sonneneinstrahlung zu einer Überhitzung des Glases führen. Auch hier wären Verspannungen die Folge, die im Extremfall die Scheiben zerspringen ließen.

Setzen Sie an den Ecksparren eine Abstandsleiste ein, die die fehlende Glasscheibe ersetzt. Nur so ist es möglich, eine waagrechte Abdeckleiste zu montieren.

**3** Isoliergläser für die Dacheindeckung werden nur bis etwa 3 m Länge hergestellt. Die Verbindung bei der Verlängerung geschieht am besten mit einer etwa 5 mm breiten Fuge aus Silikon-Dichtungsmasse. Die aufliegenden Teile des Verbundglases sind mit einem Aluminiumstreifen überdeckt, damit sich diese Stellen nicht zu stark aufheizen.

**4** Bei normalen Verbundgläsern ist zu beachten, dass sie wegen der unterschiedlichen Temperaturbelastung von innen und außen nicht zu weit über die Traufe hinausragen dürfen.

## TIPP

Bei Arbeiten auf dem Dach Ihres Wintergartens oder Gewächshauses, z. B. wenn Sie die Verglasung montieren, müssen Sie sich – am besten von einem Helfer – sichern lassen.
Tragen Sie auf jeden Fall Schuhe mit fester, rutschsicherer Profilsohle. Für diese Arbeiten sollten Sie – je nach Höhe des Daches – neben einer Trittsicherung zusätzlich auch eine Fangeinrichtung anbringen. Besorgen Sie sich dazu das Merkblatt »Arbeiten auf dem Dach«.

**5** Beim Anschluss des Wintergartens an die Hauswand müssen Sie eine Deckleiste oder ein -blech anbringen. Dadurch wird verhindert, dass herablaufendes Regenwasser in den Aufnahmefalz der Scheiben eindringt. Sinnvollerweise wird diese Abdeckung an der Hauswand befestigt, damit die Dichtigkeit auch dann erhalten bleibt, wenn sich das Glas bei Wärme ausdehnt.
Die Fugen zwischen Wand und Abdeckkante müssen Sie mit elastischer Dichtmasse (Silikon- oder Acrylmasse aus der Kartusche) satt ausfüllen.

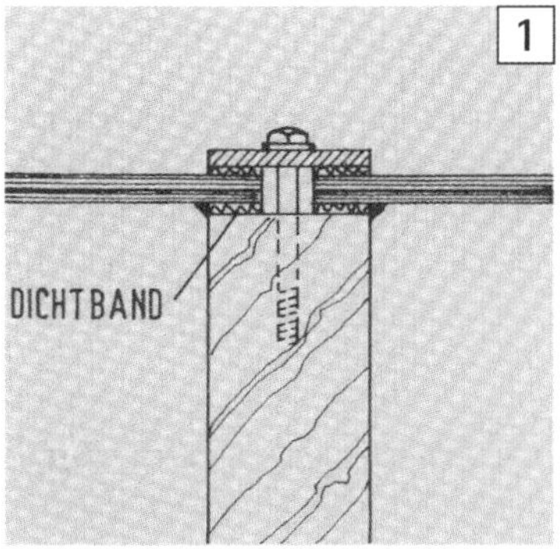
1
DICHTBAND

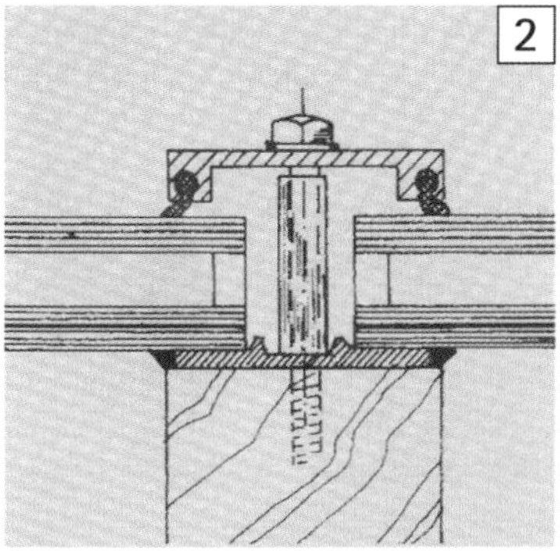
2

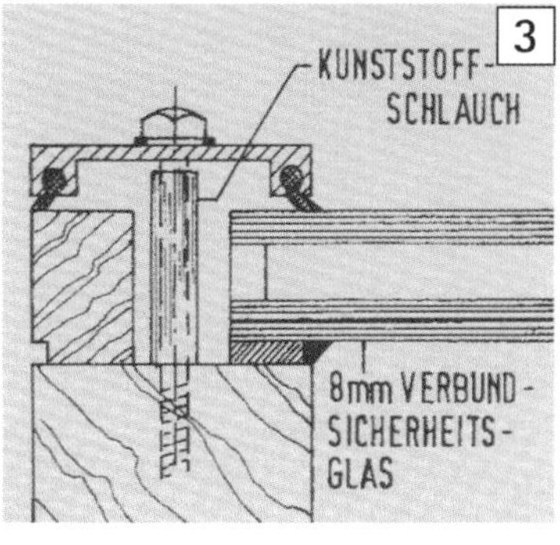
3
KUNSTSTOFF-
SCHLAUCH
8mm VERBUND-
SICHERHEITS-
GLAS

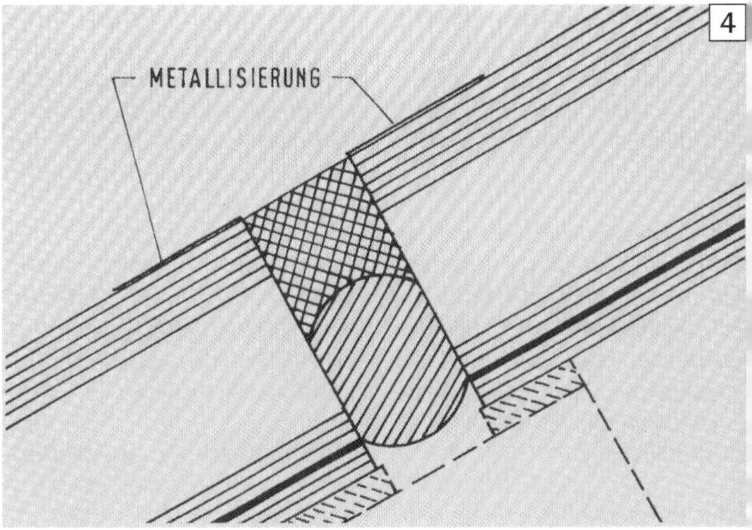
4
METALLISIERUNG

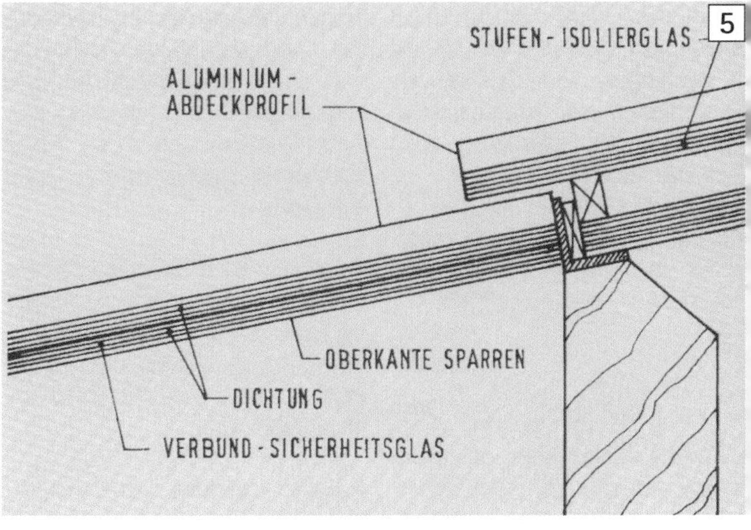
5
STUFEN-ISOLIERGLAS
ALUMINIUM-
ABDECKPROFIL
OBERKANTE SPARREN
DICHTUNG
VERBUND-SICHERHEITSGLAS

# Arbeitsanleitungen

Die folgenden Arbeitsanleitungen für Hobbyheimwerker sollen zur Verwirklichung von Ideen anregen. Folgen Sie den Schritt-für-Schritt-Anleitungen und kreieren Sie Ihren eigenen Traum:

- Wie kann ein massives Glashaus kostengünstig gebaut werden?
- Welche Materialien sind für den Bau eines Gewächshauses nötig?
- Wie lässt sich eine Terrasse als Wintergarten umbauen?
- Was ist beim Bau eines Wintergartens mit Aluprofilen zu beachten?
- Wie können Wintergärten mit Dachterrassen gestaltet werden?

Wer beim Bau von Wintergärten und Glashäusern mit einfachen Projekten beginnt und damit erfolgreich ist, wird sicher weitere Baumaßnahmen in Angriff nehmen!

# EIN GEWÄCHSHAUS ERRICHTEN

# Info

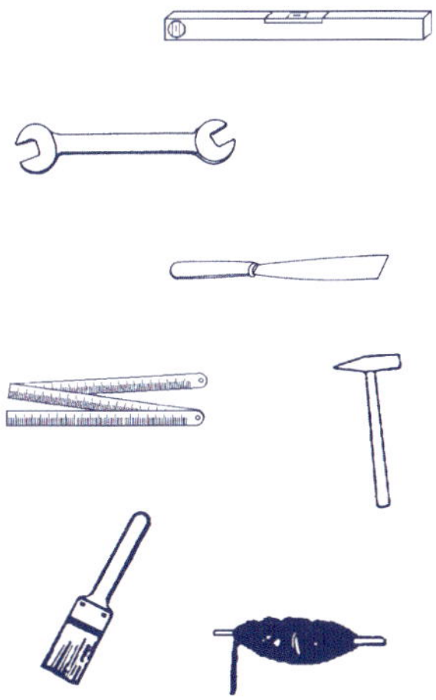

● **Schwierigkeitsgrad**

0 1

● **Kraftaufwand**

0 1

● **Material**
Gewächshaus als Bausatz

● **Arbeitszeit**
Die Arbeitszeit beträgt etwa 10 Stunden.

● **Ersparnis**
Durch Eigenleistung sparen Sie rund 200 bis 300 €.

Gewächshäuser für den Hobby-Gartenbau werden von zahlreichen Firmen als Selbstbausatz angeboten.

Das Tragegerüst besteht dabei meist aus vorgefertigten Aluminiumprofilen, die Verglasung aus Stegdoppelplatten. Die Montage dieser Bausatz-Gewächshäuser ist auch für den weniger versierten Heimwerker meist ohne große Komplikationen auszuführen. Die folgende Arbeitsanleitung zeigt Ihnen die typischen Montageschritte.

**TIPP**

Prüfen Sie bei der Lieferung eines Bausatzes immer zuerst die Vollständigkeit anhand der beiliegenden Teilliste. Achten Sie auch darauf, ob alle Teile in Ordnung sind.

1

1 Die eigentliche Montagearbeit beginnt mit dem Aufbau der einzelnen Wandteile, den beiden Giebel- und den Seitenwandflächen. Legen Sie sich dazu am besten die notwendigen Profile, Stegplatten, Dicht- und Befestigungsteile in getrennten Bündeln auf dem Boden zusammen. Beginnen Sie dann mit dem Zusammensetzen der einzelnen Seitenteile.

Zum Erkennen der benötigten Profilteile benutzen Sie die Profilzeichnungen der jeweils beiliegenden Aufbauanleitungen. Bei größeren und robusteren Glashäusern wird häufig zuerst das gesamte Rahmengerüst zusammengefügt und dann am stehenden Rahmen eingeglast. Bei kleineren Glashäusern hingegen bilden Rahmenerstellung und Verglasung eine zusammengehörende Arbeitseinheit.

Dabei werden entlang des oberen und unteren Grundprofils die Stegdoppelplatten Stück für Stück in die Verglasungsprofile eingeschoben und dann mit Halteschrauben an den vorgebohrten Positionen fixiert. Das Einpassen der Stegdoppelplatten in die Aufnahmenut des Verglasungsprofils können Sie sich erleichtern, wenn Sie das aufgesteckte Dichtgummiprofil zuvor mit etwas Spülmittel bepinseln.

**TIPP**

**Schutzfolien, wie sie zum Montageschutz bei Plexiglasplatten fabrikmäßig aufgebracht werden, können Sie nach Gebrauch über die Wertstoffsammelstelle entsorgen.**

**2** Sollte die Gummilippe, die den Dichtschutz zwischen Scheibe und Aluminiumprofil gewährleistet, nicht exakt anliegen, können Sie hier mit einem Spachtel Ausgleich schaffen. Achten Sie aber darauf, dass Sie mit der Spachtelkante das Plexiglas nicht verkratzen oder gar Schnitte im Profilgummi verursachen.

**3** Bei der Montage der Giebelseiten muss zuerst das Firstlager montiert werden. Verschrauben Sie dazu die seitlichen Dacheckprofile und das Mittelpfostenprofil mit der Giebelknotenplatte.

4 An der Türseite wird das Mittelprofil durch die beiden Türpfostenprofile und dem oberen Türbegrenzungsprofil ersetzt.

5 Nach dem Verglasen der Giebelwandseiten ist die Wandteilmontage im Großen und Ganzen beendet.

Vor dem Aufstellen müssen Sie nun den Fundamentrahmen setzen. Bei kleineren Gewächshäusern genügt es meist, die Fundamentanker in den Boden zu stoßen; größere Gewächshäuser benötigen zumindest ein Betonpunktfundament. Bedenken Sie, dass für eine problemlose Montage der Wandteile das Fundament waagrecht und rechtwinklig sein muss. Nutzen Sie deshalb für die Bodenankermontage die Mess- und Prüfmethoden (vgl. »Fundamente errichten« ab Seite 37).

Wenn Sie die Bodenanker fixiert und die Bodenprofile montiert haben, können Sie die Giebelwände aufstellen. Für diese Arbeit sollten Sie

5

6

möglichst zwei Helfer hinzuziehen, um das sichere Aufstellen der Giebelwände zu bewerkstelligen.

**6** Jetzt können Sie das Giebelprofil an den dafür vorgesehenen Montagelöchern der Giebelknotenplatte fixieren. Achten Sie vor dem Verschrauben darauf, dass die Giebelwände im Lot sind und das Giebelprofil waagrecht verläuft.

**7** Ist das Dachprofil verschraubt, können Sie den Bau mit diagonal gespannten Halteschnüren sichern, die Sie z. B. mit einfachen Zeltheringen im Boden verankern. Dies gibt Ihnen die Möglichkeit, den weiteren Aufbau problemlos auszuführen.

**8** Im nächsten Schritt werden die Seitenwände angesetzt und an den entsprechenden Haltepunkten verschraubt.

**9** Anschließend setzen Sie die Eckscheiben ein. Bei der Montage der Dachflächen verfahren Sie genauso.

Zum Schluss hängen Sie einfach die Schiebetür in die Laufschiene ein und ziehen die Schutzfolie ab. Damit ist der Aufbau Ihres Gewächshauses beendet.

# EINEN WINTERGARTEN MIT ALUPROFILEN ERRICHTEN

## Info

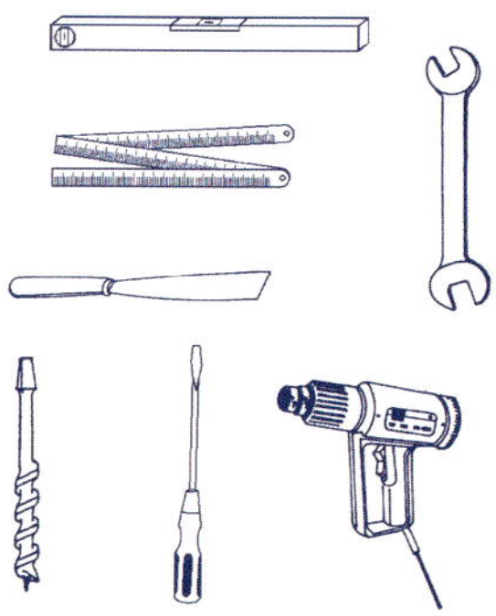

● **Schwierigkeitsgrad**

0 1 2

● **Kraftaufwand**

0 1 2

● **Material**

Komplettbausatz (inkl. Befestigungs- und Dichtmaterial), der nach eigenen Maßgaben vom Hersteller angefertigt wird.

● **Arbeitszeit**

Mit 2 Personen benötigen Sie ungefähr 2 Tage.

● **Ersparnis**

Durch Eigenleistung sparen Sie etwa 1.500 €.

Der folgende Wintergartenanbau soll den bisher als Terrasse genutzten Bereich zum wettergeschützten Freizeitraum umfunktionieren und auch im Winter ohne zusätzlichen Heizungsaufwand zur Verfügung stehen.

Aus diesem Grund besteht die Grundkonstruktion aus thermisch getrennten Aluprofilen, und für die Verglasung werden Isolierglasscheiben verwendet.

Zusätzlich wird im Dachbereich Sicherheitsglas verwendet, das im Falle eines Bruchs nicht zersplittert.

Die Planung und die maßgenaue Herstellung der benötigten Profilteile sollten durch einen Fachbetrieb für Wintergärten erfolgen. Die Montage können Sie mit etwas handwerklichem Geschick selbst vornehmen.

**1** Voraussetzung für die Standsicherheit ist, wie bei allen Wintergärten, ein tragfähiges Fundament. Die vorhandene Terrasse samt Sockel bereitet hier keine Probleme; beides ist sind so dimensioniert, dass es für den geplanten Anbau statisch geeignet erscheint.

1

2

Bevor Sie mit der eigentlichen Arbeit beginnen, sollten Sie alle benötigten Profile und Profilelemente übersichtlich und nach Funktion (z. B. Bodenprofile, Pfostenprofile etc.) geordnet bereitlegen. Dieses Vorsortieren ermöglicht zügiges Arbeiten und erlaubt einen Überblick über das benötigte Material zu den einzelnen Arbeitsschritten.

Den Bauplänen entnehmen Sie die exakten Maße für die verschiedenen Montagepositionen.

**2** Nun montieren Sie die Bodenprofile. Hierfür übertragen Sie die Maße des Montageplans auf die baulichen Gegebenheiten und markieren die entsprechenden Positionen. Überprüfen Sie am besten durch provisorisches Anlegen der Profilteile die Stimmigkeit der gekennzeichneten Lagen.

**3** Entsprechend der Lagemarkierung der Bodenprofile können Sie nun an der Sockeloberseite ein selbstklebendes Aluminiumband fixieren, das als isolierende Auflagefläche für die Aluprofile dient. Legen Sie dann die Bodenprofile auf die entsprechenden Markierungen und überprüfen Sie mit einer Wasserwaage die exakte waagrechte Ausrichtung. Eventuell müssen Sie Abweichungen bei der Fixierung mit Unterlegkeilen ausgleichen.

**4** Der Anschluss an die Gebäudeaußenmauer erfolgt mit dem oberen Wandanschlussprofil. Die exakte Höhenlage ermitteln Sie am besten dadurch, indem Sie eine Wintergartenseitenwand provisorisch ansetzen und den Oberkantenabschluss an der Wand markieren. Achten Sie dabei unbedingt darauf, dass das Wandelement wirklich senkrecht steht, um unkorrekte Abweichungen im Längenmaß zu verhindern.

Muss wegen bereits vorhandener Unebenheiten ein Ausgleich erfolgen, können Sie hierfür Holzleimbinder verwenden. Sie garantieren im Vergleich zu Vollholzkonstruktionen eine sicherere Formstabilität und sind letztlich einfacher zu bearbeiten als Abstandhalter aus Metall.

Wenn Sie vor dem Andübeln die Rückseite mit Dichtungsmasse bestreichen, ergibt sich beim Festziehen der Schrauben eine Feuchtigkeitssperre zwischen Wand und Balken. Ausquellende Dichtmasse im Fugenbereich entfernen Sie mit einer gerundeten Spachtelklinge, sodass ein kehlförmiger Übergang entsteht.

**5** Auf das angedübelte Nivellierungsholz können Sie nun das obere Wandanschlussprofil anschrauben. Beschränken Sie sich dabei vorerst aber auf ein bis zwei Schrauben, die Sie möglichst mittig ansetzen. Dies ermöglicht Ihnen notfalls leichte Korrekturen. Beginnen Sie mit dem Einpassen am besten bei der seitlich abschließenden Außenwand. Ist der Anschluss passgenau ausgeführt, fixieren Sie das obere Wandanschlussprofil in den direkt angrenzenden Bohrungen. So vermeiden Sie, dass die ganze Konstruktion instabil wird, haben aber für die noch zu montierenden Stützstreben weiterhin ausreichend Bewegungsspielraum.

**6** Für die Montage der Stützstreben müssen die Stützstreben zuerst aus den vorhandenen Profilen zusammengesetzt werden. Dies geschieht einfach durch das Ineinanderschieben der dafür vorgesehenen Führungselemente. Vor dem endgültigen Einpassen füllen Sie die Anschlussnut mit Dichtmasse aus.

Jetzt können Sie die Stützpfosten am oberen Wandanschlussprofil befestigen. Im Bereich des Durchgangs muss dabei gleichzeitig das Einpassen an die Bodenprofile des Sockels erfolgen.

**7** Erst nach dem Einpassen werden die Bodenprofile mit Dübel und Schrauben im Fundament verankert. Die Bohrungen dazu setzen Sie in der Innennut des Bodenprofils.

**8** Auch nur partiell vorhandene Unebenheiten im Fundamentbereich müssen unbedingt durch Unterlegkeile ausgeglichen werden, um eine sichere Verankerung des tragenden Wintergartengerüsts im Bodenprofil zu gewährleisten.

Füllen Sie auch die Anschlusskanten des Bodenprofils sorgfältig mit Dichtungsmasse aus.

**9** Ist das Grundgerüst fertig erstellt und fixiert, können Sie damit beginnen, Türrahmen und Türblatt einzusetzen. Die Fixierung erfolgt

5

6

durch die Verschraubung der dafür systemspezifisch vorgesehenen Halteelemente.

In gleicher Art und Weise verfahren Sie mit den Fensterelementen. Sind die Fensterelemente eingesetzt, kann mit der Verglasung des Anbaus begonnen werden.

**10** Da es sich um ein Trockenverglasungssystem mit eingepassten Profilgummidichtungen handelt, kann hier auf Dichtmasse verzichtet werden. Es genügt, die von der Herstellerseite maßgenau dimensionierten Isolierglasscheiben so einzusetzen, dass auf beiden Seiten ein gleichmäßiger Abstand zum vertikal angrenzenden Rahmenprofil eingehalten wird. Die horizontale Einjustierung der Isolierglasscheiben erfolgt durch entsprechend starke Unterlegkeile, die als Aufleger für die Isolierglasscheiben dienen.

Mit den mitgelieferten Halteprofilplättchen sichern Sie die Isolierglasscheiben vor dem Herausfallen. Gleichzeitig dienen diese Halteprofilplättchen zur Aufnahme und Fixierung der äußeren Verblendungsprofile, die mit ihren innenliegenden Gummilippen außerdem die Außenabdichtung bewerkstelligen.

Auch bei der Dachverglasung sind entsprechende Seitenabstände zu den angrenzenden Rahmenprofilen einzuhalten. Die Lagerkeile an der Scheibenunterseite können dagegen entfallen, da die Scheibe insgesamt auf den Dichtprofilen der Dachprofile aufliegt.

## TIPP

Achten Sie darauf, dass die Sicherheitsglasscheiben der Verbundverglasung zur Rauminnenseite gewandt sind. Denn bei einem Bruch der Glasscheiben fallen so im Außenbereich die meisten Scherben an.

**11** Sind alle Bereiche verglast, können Sie die Verblendungsprofile um die Glasscheiben montieren und die Frontverkleidung am oberen Abschlussprofil verschrauben.

Zuletzt wird die systemspezifische Dachrinne zusammen mit dem Abflussrohr angebracht.

Besteht die Möglichkeit, den Auslauf an einen vorhandenen Oberflächenwasserkanal anzuschließen, können Sie diese wahrnehmen. Ansonsten kann auch die Versickerung auf dem eigenen Grundstück in Betracht gezogen werden. Dazu benötigen Sie eine ausreichend tiefe Kiesschicht und einen entsprechenden Einlassbereich. Eventuell lässt sich auch eine Regentonne mit dem abfließenden Regenwasser füllen.

Abschließend bleibt Ihnen nur noch, diesen neu gewonnenen Freizeitraum nach Belieben zu gestalten und einzurichten, und den Aufenthalt darin zu genießen.

9

10

11

# TERRASSE ZUM WINTERGARTEN UMBAUEN

## Info

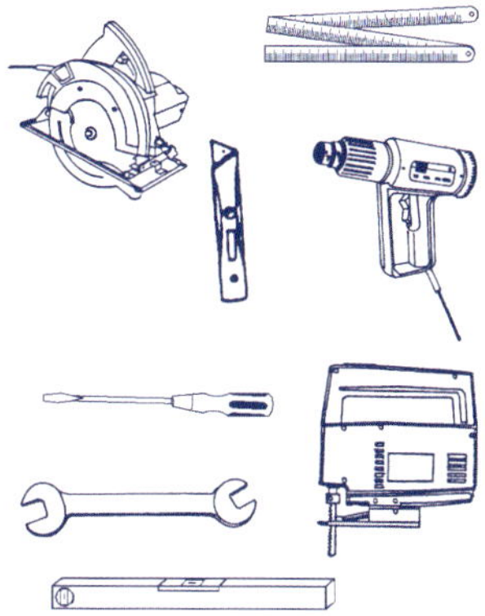

**Schwierigkeitsgrad**

0 1 2

**Kraftaufwand**

0 1 2

**Material**
Bausatz (inkl. aller benötigten Materialien), Holzleim, Mauerdichtmasse

**Arbeitszeit**
Für diesen Wintergarten im Bausatzsystem sollten Sie 2 bis 3 Tage einplanen.

**Ersparnis**
Durch Eigenleistung sparen Sie rund 1.200 €.

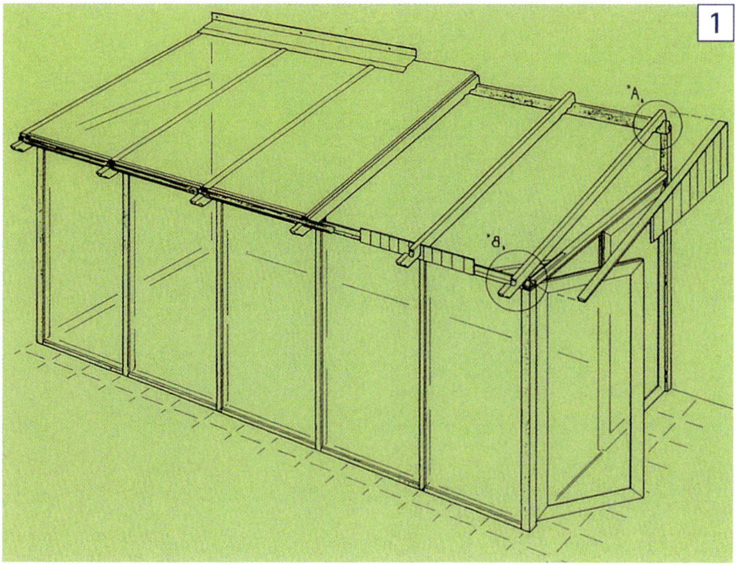


Wintergärten in Bausatzausführung haben den großen Vorteil, dass sie als Komplettpaket inklusive aller benötigten Materialien und Befestigungsteile direkt an den gewünschten Platz bzw. zur Baustelle angeliefert werden. Um sicher zu gehen, dass die Lieferung vollständig und unversehrt ist, sollten Sie die Sendung anhand der Lieferliste umgehend kontrollieren.

**1** Einen Überblick über die notwendigen Arbeiten ermöglicht die abgebildete Konstruktionszeichnung.

**2** Der Aufbau des Wintergartens soll in diesem Beispiel auf einer bereits vorhandenen Terrasse erfolgen. Grundsätzlich ist dabei zu beachten, dass ein ausreichend sicheres Fundament vorhanden ist. Nur in einem Kiesbett verlegte Bodenplatten sind nicht geeignet. Zur Aufnahme der Stützpfeiler benötigen Sie zumindest ein frostfrei gegründetes Streifenfundament oder eine armierte Fundamentplatte.

**3** In einem ersten Schritt längen Sie die Wandpfosten entsprechend der

2

4

3

5

vorhandenen baulichen Gegebenheiten ab. Dies muss am unteren Ende geschehen; die vorgegebenen Bohrungen für die Verbindungen mit den Seitenpfetten müssen erhalten bleiben.

**4** In die Bohrungen stecken Sie die Schrauben, die in die Gewindebuchsen an den Stirnseiten der Platten eingeschraubt werden. Zum Festziehen benötigen Sie einen Inbusschlüssel. Achten Sie beim Zusammensetzen darauf, dass die Sichtseite zur Rauminnenseite schauen muss. Zusätzliche Stabilität erhalten Sie, wenn Sie die Passstellen mit Holzleim verkleben.

## TIPP

Die Ermittlung des rechten Winkels lässt sich sehr einfach über die Formel 3 - 4 - 5 erreichen. Wenn die erste Wandseite 3 m und die zweite 4 m lang ist, muss die Diagonale dazwischen 5 m betragen.

**5** Im nächsten Schritt werden die Eck- und Mittelpfosten gesetzt. Markieren Sie zuerst die Fluchtlinien der Außenwände und die Ankerpositionen für die Dübelbohrungen. Achten Sie dabei sorgfältig auf rechte Winkel, da diese die Voraussetzung für das passgenaue Einsetzen der Seitenteile und Fensterflächen bilden. Die Anwendung der Winkelformel und die Überprüfung der Diagonallängen garantieren Ihnen ein genaues Ergebnis.

Zum Setzen der Bodenanker bohren Sie an der gekennzeichneten Position ein entsprechend tiefes Dübelloch. Einen sicheren Halt garantieren spezielle Reaktionsanker, die spreizdruckfrei eingebracht werden. Ihre Stabilität erhalten sie durch eine Mörtelpatrone mit Harzfüllung, die beim Eindrehen der Gewindestange zerbricht und im Dübelbereich nach einiger Zeit aushärtet. Der Arbeitsvorgang unterscheidet sich kaum vom üblichen Dübelsetzen. Wichtig ist nur, dass Sie nach dem Bohrvorgang das Bohrloch sorgfältig ausblasen. Anschließend stecken Sie die Mörtelpatrone vollständig in die Aufnahmebohrung und drehen die Gewindestange ein. Eine Kontermutter leistet hier gute Dienste.

Zum Schluss sichern Sie die Gewindestange noch, indem Sie die Bodenmutter festziehen. Dies ver-

9

10

hindert, dass der Holzpfosten direkt am Plattenboden anliegt. So entstehen keine schwer trocknenden Nassstellen.

**TIPP**

Beim Einschlagen der Bodenanker besteht die Gefahr, dass das Gewinde gestaucht wird und sich die Mutter nicht mehr aufdrehen lässt. Dies vermeiden Sie, indem Sie die Mutter bis zur oberen Gewindekante hochschrauben und so gegen Stauchungen stabilisieren.

Nach etwa 15 Minuten ist die Harzfüllung ausgehärtet. Beachten Sie hierfür die Angaben im Verarbeitungshinweis. Sie können dann die Gewindestange in die dafür vorgesehene Hülse in der unteren Stirnseite der Pfosten eindrehen.

**6** Halten Sie in der Anfangsphase die Pfosten beim Eindrehen lotrecht, und sichern Sie sie vor dem Umfallen, damit sich die Gewindestangen nicht verbiegen.

**7** Achten Sie darauf, dass jeder Pfosten eine Innen- und eine Außenseite hat. Sind alle Pfosten gesetzt und die Außenkanten in ihrer Fluchtlinie ausgerichtet, können Sie die benötigten Längen der Trauf- und Seitenpfetten ausmessen.

8 Muss die Traufpfette verlängert werden, so geschieht dies durch Verleimen des Federplättchens in den beiden Aufnahmenuten der Stoßstelle. Den Rundholzüberstand fixieren Sie mit Schrauben.

9 Nun können Sie das Ende der Traufpfette mit dem Ende der zuvor am Wandpfosten fixierten Seitenpfette verbinden. Zur Erleichterung legen Sie die gesamte Oberkonstruktion lose auf, bis Sie die Wandpfosten am Mauerwerk befestigt haben.

Achten Sie auch bei der Montage des Wandpfostens darauf, dass dieser lotrecht steht. Notfalls gleichen Sie Wandunebenheiten durch Unterleghölzer aus. Die Zwischenräume füllen Sie mit elastischer Mauerdichtmasse aus.

10 Anschließend verschrauben Sie die Traufpfette mit den übrigen Pfosten.

**11** Kontrollieren Sie während Ihrer Arbeit unbedingt immer wieder die Rechtwinkligkeit Ihrer Konstruktion, um rechtzeitig notwendige Korrekturen ausführen zu können.
Die mitgelieferten Metallwinkel ermöglichen die rechtwinklige und stabile Fixierung im Eckbereich der Traufpfette.

**12** Dasselbe gilt auch für den Einbau der Bodenschwellen. Verwenden Sie zum Ausgleich von Unebenheiten auch hier notfalls Unterleghölzchen.

**13** Die anschließende Fixierung der Bodenschwellen erfolgt durch eine Schraubverbindung mit den Holzpfosten.

**14** Die Grundkonstruktion schließen Sie ab, indem Sie den Wandhalter für das Sparrenauflager anbringen. Es dient mit seiner Rundung an der Oberseite einer sicheren Lagerung der Sparren.

**15** Bevor Sie montieren können, müssen Sie entsprechende Befestigungslöcher bohren. Ihre Position sollte so gewählt werden, dass der Schraubdurchgang mittig zur aufnehmenden Pfette erfolgt.

**16** Sie können dann die Pfetten an der Wand- und an der Pfettenauflage festschrauben. Achten Sie dabei auf den vorgeschriebenen Zwischenabstand. Er ist durch die Breite der verwendeten Dachverglasung festgelegt.

Im Traufbereich muss zur sicheren Lagerung ein Zwischenholz beigelegt werden. Die Kehlung dient dabei zur Aufnahme der gerundeten Oberkante der Traufpfette.

**17** Anschließend können Sie die Aluprofile für die Trockenverglasung der Stegdoppelplatten montieren. Richten Sie die Profile so aus, dass die Seitenkanten bündig zu den Sparren abschließen und die Unterkante mit der Glashalterung etwa 2 bis 3 cm in die Aufnahmekuhle für die Dachrinne ragt. Um ein Verkanten der Plexiglasscheiben beim Auflegen mit Sicherheit zu verhindern, müssen die Haltewinkel exakt in der Fluchtlinie ausgerichtet sein.

**18** An den beiden Seitensparren werden die Auflagedichtungen der äußeren Profilhälften entfernt und stattdessen die vorgefertigten Blendleisten eingesetzt.

19

20

**19** Nun ist die Voraussetzung für die Verglasung geschaffen.

**20** Zuerst müssen Sie die Abschlussleisten auf die Enden der Stegdoppelplatten aufstecken. Arbeiten Sie bitte vorsichtig, um Beschädigungen an den Plexiglaskanten zu vermeiden. Die Schutzfolie verhindert darüber hinaus Kratzer. Sie muss deshalb während der gesamten Montagezeit auf den Platten bleiben.

**21** Die leichtgewichtigen Einzelplatten können mühelos von einer einzelnen Person in die Aluprofile eingepasst werden. Dies sollte so geschehen, dass der Abstand der Plexiglasseitenkanten zu den Mittelstegen der Aluprofile auf beiden Seiten gleichmäßig ist.

**22** Müssen Stegdoppelplatten betreten werden, darf dies nur über eine quergelegte Holzbohle erfolgen. Bei direktem Betreten besteht die Gefahr, dass das Plexiglas Sprünge und Risse erhält oder gar durchbricht.

**23** Befestigung und gleichzeitige Abdichtung der aufgelegten Plexiglasscheiben erreichen Sie durch das Eindrücken des Plastikdichtbands in die Aufnahmenut der Aluprofile. Diese Arbeit erscheint anfangs recht mühsam, ist aber nach kurzer Anlaufzeit zügig zu bewerkstelligen. Um das starre Dichtband flexibler zu machen, sollten Sie es vor der Bearbeitung erwärmen. Im Sommer genügt dazu ein sonniges Plätzchen, alternativ können Sie ein heißes Wasserbad benutzen.

Das Dichtband sollte so weit wie möglich nach hinten umgebogen werden. Denn dadurch wird das innenliegende Federprofil des Dichtbands freigelegt. Es kann somit einfacher in die Nut des Aluprofils eingeführt werden. Den so verlegten Bereich klopfen Sie jeweils gleich im Anschluss mit einem Hammer nach. Mit dem Nachklopfen verhindern Sie die Blasenbildung des Dichtbands, die entsteht, wenn die stufig ausgeformte Profilnase nicht vollständig in der Aufnahmenut einrastet.

Ist das Dichtband komplett aufgezogen, schneiden Sie einen eventuell vorhandenen Überstand einfach mit einem Cuttermesser entlang des Glashaltewinkels ab.

**24** Nach der Dachverglasung können Sie die Seitenverkleidung anschrauben.

**25** Die notwendigen Formteile für die Seitenverkleidung sägen Sie aus der mitgelieferten Blendholzplatte aus. Hierfür eignet sich ein Fuchsschwanz.

**26** Anschließend wird das Seitendichtprofil im Endsparrenholz verschraubt.

**27** Beim Montieren der Frontblenden muss an der Glasanschlusskante das beiliegende Dichtprofil am Blendholz aufgesteckt und bündig zur Plexiglasunterseite angepasst werden. Arbeiten Sie hier unbedingt sehr sorgfältig, um Ihren Wintergarten auch wirklich winddicht zu bauen.

**28** Mit dem Andübeln des Dichtprofils für den Wandanschluss beenden Sie die Dacheindeckung. Versehen Sie dabei den Profilrücken vor der Wandbefestigung mit Dichtmasse, und schneiden Sie außerdem die Plastikanschlusskante an den Rundungen der Verglasungsdichtbänder ein, um ein Abstehen zu verhindern.

**29** Zur Verglasung der Seitenteile muss zuvor im Aufnahmefalz des Fensterrahmens ein Dichtband eingeklebt werden. Das Dichtband dient als flexibler Abstandhalter zum Holz und schützt das Glas vor Bruch durch Spannkräfte. Diese treten bei Holz leicht auf, denn es reagiert auf Kälte und Wärme, d. h. das Holz arbeitet.

**30** Nach dem Einlegen der mitgelieferten Unterleghölzer im unteren Falzbereich des Rahmens können Sie die Glasscheiben einsetzen.

Stellen Sie die Fensterscheibe dazu auf die Klötzchen und kippen Sie diese gegen den Rahmenfalz. Achten Sie dabei unbedingt darauf, dass dies mittig zu den Seitenkanten geschieht.

**31** Die inneren Halteleisten dienen zur Fixierung der Fensterscheiben. Sie werden an den Fensterscheiben anliegend in den Rahmenfalz eingepasst und dann mit Nägeln befestigt. Zum Schutz sollten Sie ein Holz vor das Glas halten.

Mit Silikonmasse dichten Sie anschließend die Passstellen zwischen Glas und Holzleiste ab.

**32** Zum Montieren des Doppeltürrahmens hängen Sie die Türblätter zuvor aus und passen den Rahmen dann in die vorgesehene Rahmenöffnung ein.

**33** Kontrollieren Sie die Rahmenteile in allen Richtungen mit der Wasserwaage und gleichen Sie Schräglagen notfalls mit Unterleghölzern aus. Die Fixierung erfolgt über Türrahmenanker an den anliegenden Pfosten. Eine erhöhte Stabilität erreichen Sie durch die Verankerung der Bodenschiene im Fußbodenbereich.

**34** Zum Abschluss muss nun nur noch die Regenrinne montiert werden. Die Sparren sind dafür bereits mit einer Aufnahmekuhle vorbereitet. Nach dem Einpassen wird die Rinne nur noch mit Winkeln fixiert.

**35** Für den Wasseraustritt schneiden Sie mit der Stichsäge ein Loch mit dem ungefähren Durchmesser des Fallrohrs an die vorher ausgemessene Stelle.

**36** Die Rinnenabdeckung und den Anschlussstutzen für das Fallrohr kleben Sie mit dem mitgelieferten Spezialkleber fest.

**37** Das Fallrohr können Sie gegebenenfalls mit einem Fuchsschwanz ablängen; anschließend kleben Sie es an.

**TIPP**

Schnittreste werfen Sie nicht einfach in den Müll, sondern entsorgen diese bei der entsprechenden Wertstoffsammlung. Auskünfte erteilt Ihr zuständiges Abfallamt.

# WINTERGARTEN MIT DACHTERRASSE BAUEN

# Info

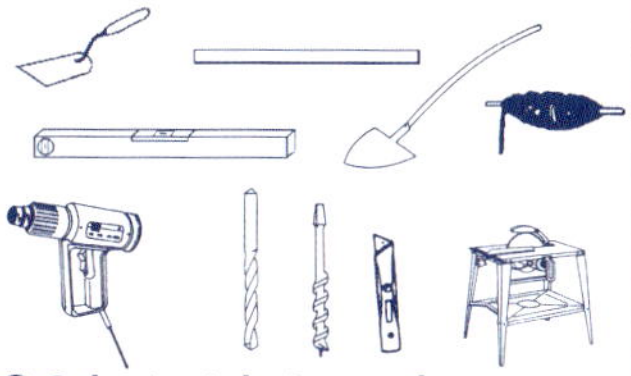

● **Schwierigkeitsgrad**

0 1 2 3

● **Kraftaufwand**

0 1 2

● **Material**

Noppenbahn zur Perimeterabdichtung, Fundamentbeton, Schalungsbretter, Baufolie, Baustahlgitter, Bitumenband, Betonsteine, Konstruktionshölzer, Profilbretter, Schrauben, Dübel, Nägel, Balkonzierbretter, Handlauf, Unterlegkeile, Baufolie, Dämmmaterial, Teichfolie, Teichfliesbahnen, Dichtbleche, Dachrinne, Dachrinnenhalter, Klinkersteine, Quarzsand, Schlosserschrauben, Isolierglasscheiben, Terrassentür mit Türstock

● **Arbeitszeit**

Zu zweit benötigen Sie ungefähr 1 Woche.

● **Ersparnis**

Etwa 2.000 bis 2.500 €.

1

Ein Wintergartenanbau lässt sich häufig auch im Rahmen einer Hausmodernisierung realisieren. In diesem Beispiel gab der Innenausbau des Dachgeschosses dazu Anlass.
Um genügend Licht in den neuen Wohnraum gelangen zu lassen, entschied sich der Bauherr, auf Dachfenster zu verzichten und stattdessen eine Dachgaube mit doppelflügeliger Terrassentür einzubauen. Gleichzeitig war damit die Idee geboren, den geplanten Wintergarten mit einer vom Dachgeschoss aus begehbaren Terrasse zu kombinieren.

**1** Nachdem die Vorarbeiten im Dachbereich abgeschlossen sind, können Sie mit der eigentlichen Arbeit am Wintergarten beginnen.

Zuerst müssen Sie hierfür das Fundament errichten. Die dafür nötigen Grabarbeiten können Sie in diesem Fall auch dazu nutzen, entlang der Hausmauer eine vertikale Feuchtigkeitssperre in Form einer Noppenbahn anzubringen. Dadurch schützen Sie das anliegende Mauerwerk sicher vor Bodenfeuchtigkeit. Zusätzlich dient die Matte zur baulichen Trennung zwischen Hausmauer und Fundament für den Wintergarten.

2

3

2 Diagonal zu den beiden angrenzenden Hausflächen betonieren Sie im Bereich der späteren Pfostenreihe ein Streifenfundament, das mit etwa 80 bis 120 cm frostfrei gegründet ist. Berücksichtigen Sie bei der Berechnung des Höhenniveaus des Streifenfundaments unbedingt, dass die Oberkante des Fußbodens durch die Höhe der Terrassentür festgelegt ist.

Die Stärke der Fundamentplatte, des Estrichs und des Fußbodenbelags ist als Differenz zwischen Streifenfundament- und Fertigbodenkante zu berücksichtigen. Als Niveaukontrolle dienen ein Meterriss an der Hauswand und eine entsprechend breite Richtlatte an der Schalung.

3 Nach dem Aushärten des Streifenfundaments können Sie die Schalung entfernen. Nun füllen Sie den Boden im Bereich der Fundamentplatte mit einer Schicht aus Kies auf und verdichten sie anschließend mit einer Rüttelplatte. Als Kantenschutz für das Streifenfundament können während der Verdichtungsarbeit Schalbretter dienen.

4 Verlegen Sie dann eine Baufolie auf die gesamte Arbeitsfläche. Eine Baufolie schützt vor aufsteigender Bodenfeuchtigkeit. Anschließend verlegen Sie auf der Baufolie das Baustahlgitter zur Armierung der Bodenplatte.

5 Nun können Sie den Beton einfüllen. Sie sollten unbedingt darauf achten, dass Sie den Beton möglichst gleichmäßig verteilen.

6 Die Oberfläche glätten Sie mit einer Richtlatte. Nun ist erst einmal eine einwöchige Arbeitspause einzuhalten, damit der Beton genügend Zeit zum Aushärten hat.

Bei sommerlich hohen Temperaturen und direkter Sonneneinstrahlung halten Sie die Betonoberfläche durch Besprühen mit Wasser feucht.

7 Nachdem die Bodenplatte ausgehärtet ist, können Sie mit dem Mauern des Wandsockels beginnen. Dazu rollen Sie zuerst ein Bitumenband, das in seiner Breite der Steinstärke entspricht, auf der Fundamentplatte aus. Das Bitumenband dient als Sperre gegen aufsteigende Feuchtigkeit und hält damit den Mauerbereich zuverlässig trocken.

Nun können Sie den ersten Mauerstein in das zuvor mit der Kelle ausgestrichene Mörtelbett legen. Am sinnvollsten wählen Sie als Position für diesen ersten Stein die Maueröffnung, an der sich später die Terrassentür für den Gartenausgang anschließt.

Damit haben Sie gleichzeitig auch einen Fixpunkt, von dem aus Sie mit einer Richtschnur die Fluchtlinie der Wandaußenseite zum Wandanschluss am Wohnhaus herstellen können. Arbeiten Sie beim Ausrichten des ersten Mauersteins mit größter Sorgfalt, da von seiner korrekten Lage die Maßhaltigkeit des übrigen Mauerwerks abhängt. Überprüfen und korrigieren Sie deshalb die Waagrechte der Steinoberkante, um einen Treppeneffekt zu verhindern. Mit dem Lot testen Sie die Senkrechte der Mauer aus.

**8** Ist der Eckstein gesetzt, können Sie auf die Bitumenbahn das weitere Mörtelbett aufbringen und die übrigen Betonsteine passgenau Kante an Kante aneinandersetzen. Füllen Sie dann die Steintaschen an den Anschlussfugen mit Mörtel aus. Bringen Sie die nächste Mörtelschicht auf und verfahren Sie in gleicher Weise mit der zweiten Steinreihe.

## TIPP

Für eine Arbeitserleichterung beim Mauern sollten Sie Folgendes unbedingt beachten: Entfernen Sie überquellenden Mörtel am besten gleich mit der Kelle. Ist er erst einmal ausgehärtet, kann dies nur noch mit unverhältnismäßig hohem Arbeitsaufwand geschehen.

Den fertig gemauerten Wandsockel versehen Sie abschließend mit Spritzguss, der als Haftgrund für den später aufzubringenden Wandmörtel dient. Ist der Fugenmörtel ausgehärtet, meist nach 3 Tagen, können Sie den Holzlagerbalken auf den Mauersockel dübeln. Der Holzlagerbalken dient als Basis für den weiteren Holzauf-bau. Ein kompliziertes Ausrichten nach gleichem Höhenniveau und korrekter Fluchtlinie an den beiden Seiten der Türaussparung können Sie vermeiden, indem Sie einen durchgehenden Balken montieren, den Sie nach dem Festdübeln im Bereich der Tür einfach durchtrennen.

**TIPP**

Achten Sie vor der endgültigen Fixierung darauf, dass der Balken exakt waagrecht liegt. Wenn nicht, gleichen Sie ihn mit Unterlegkeilen aus.

**9** Als Auflager für die Deckenbalken dienen Querträger, die Sie an die Hauswand dübeln. Zur Einjustierung können Bauspreizen als vorübergehende Halteeinrichtung sehr nützlich sein.

**10** Zur Aufnahme des oberen Frontbalkens befestigen Sie zuerst die Tragepfosten mit Holzlaschen am unteren Holzlagerbalken. Erst dann legen Sie den oberen Frontbalken auf und fixieren ihn ebenfalls mit Holzlaschen.

Kontrollieren Sie bei diesen Arbeiten immer wieder die Lothaltigkeit und den exakten Abstand der Pfosten. Beides ist Voraussetzung für das spätere passgenaue Einsetzen der Verglasung. Im nächsten Schritt können Sie gleich die weiteren Deckenbalken auflegen.

**11** Die Fixierung an den Auflagern kann mit entsprechend langen Nägeln oder Schrauben erfolgen. In beiden Fällen müssen Sie vorbohren.

**12** Bei größeren Balkenlängen sind Unterzüge notwendig, die die Last aufnehmen und verteilen. Die Unterzüge erhöhen die Tragfähigkeit der Balken und gewährleisten die statische Sicherheit. Die statische Sicherheit ist besonders im Hinblick auf die gleichzeitige Nutzung als Dachterrasse wichtig.

**13** Ist die für die Statik des Wintergartens notwendige Balkenkonstruktion erstellt, können Sie mit den Verkleidungsarbeiten beginnen. Dazu wird zuerst der Terrassenboden verschalt. Da dieser zugleich als Sichtdecke im Wintergartenbereich dient, benutzen Sie Profilbretter, die Sie mit der Sichtseite nach unten verlegen. Legen Sie dazu Brett für Brett einfach auf die Oberkante der Balkenkonstruktion. Anschließend fixieren Sie sie jeweils mit Nägeln in der Mitte des darunterliegenden Balkens. Die Überstände längen Sie zum Schluss mit der Kreissäge ab. Um sicher arbeiten zu können, schaffen Sie sich mit Bauschal-

10

11

12

brettern eine entsprechende Plattform.

**14** Die fertig verlegte Schalungsfläche legen Sie mit einer Baufolie aus. Die Baufolie dient als Dampfsperre, d. h. sie hält aufsteigende Raumfeuchtigkeit aus dem Wintergartenbereich von der darüberliegenden Dämmschicht ab.

Sie sollten hier sehr sorgfältig arbeiten, denn undichte Stellen können zu einer Durchfeuchtung des Dämmmaterials führen, wodurch dieses seine Dämmeigenschaft verliert. Am besten wählen Sie eine Folienbreite, die die gesamte Fläche überdeckt. Ist dies nicht möglich, sorgen Sie dafür, dass die Folie an den Stoßkanten 20 cm überlappt und gut zu verkleben ist.

**15** Um einen Bereich für die Aufnahme des Dämmmaterials zu erhalten, verlegen Sie nun die Lagerhölzer.

Da die Dämmschicht ausreichend dick sein soll, geschieht dies in zwei Lagen, die zur zusätzlichen Stabilität überkreuzt montiert werden. Nach dem Aufnageln schneiden Sie die Überstände mit der Säge ab.

**16** Die Kammern können Sie nun mit einer Dämmschüttung füllen. In diesem Fall werden Styropor-Chips verwendet. Nachdem Sie die Dämmkammern mit Styropor gefüllt haben, versehen Sie diese mit einer Holzverschalung.

**17** Vor dem Ausrollen der Teichfolie, die als Regenhaut des Terrassenbodens dient, müssen noch Teichfliesbahnen verlegt werden. Sie schützen die darüberliegende Folie vor Verletzungen durch die Holzverschalung, die Undichtigkeiten zur Folge haben könnten.

**18** Schneiden Sie die Teichfolie an der Frontkante und den Hausanschlusskanten mit genügend Überstand ab. Er dient später für den sicheren Wasserablauf in die Dachrinne, außerdem, um die Dichtbleche im Wandbereich anzubringen.

**19** Nachdem die Oberseite der Regenschutzfolie mit Teichvliesbahnen geschützt ist, können Sie die Klinkersteine für den Fußbodenbelag verlegen. Dies erfolgt im schleppenden Verband und ohne zusätzlichen Fugenabstand. Legen Sie die Steine zuerst in der Fläche aus und schneiden Sie dann erst die Anschlüsse zu den Hauswänden und der Brüstung.

Zu einem späteren Zeitpunkt können Sie dann mit Quarzsand feinster Körnung eventuelle Fugenspalten ausfüllen. Wenn Sie den Sand zusätzlich noch trocken mit Beton mischen, härtet die Fuge nach einiger Zeit allein durch die Außenfeuchtigkeit aus und wird dadurch auch noch wasserundurchlässig.

**20** Damit kein Wasser in die Dämmung eindringen kann, muss die Folie fest mit den an sie anschließenden Hauswänden verbunden werden. Befestigen Sie dazu die aufgestellten Folienränder mit verzinkten Blech- oder Kupferstreifen. Ein selbstklebendes Dichtband zwischen Folie und Wand erhöht noch zusätzlich die Dichtsicherheit.

**21** An der Frontseite des Wintergartens können Sie nun die Dachrinne anbringen. Befestigen Sie dazu die Dachrinnenhalter an der Frontseite des Dämmbereichs. Für das Dachrinnengefälle gilt als Faustregel: Für je 1 m Dachrinnenlänge ist ein Gefälle von 0,5 cm nötig. Wasserwaage, Richtlatte und Schnur

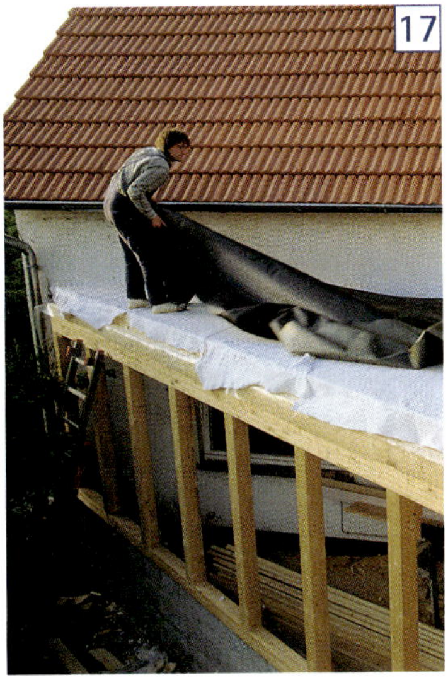
17

18

erleichtern Ihnen die Justier- und Montagearbeiten.

**22** Nach dem Einhaken der Dachrinne schneiden Sie die Regenfolie so zu, dass sie in die Dachrinne überlappt. So kann das Regenwasser sicher ablaufen.

**23** Jetzt können Sie das Geländer für die Dachterrasse montieren. Als Pfosten bieten sich gehobelte Kanthölzer an, die Sie mit jeweils zwei Schlosserschrauben befestigen. Ähnlich wie beim Zaunbau montieren Sie zwei Holzlatten als Querstreben an den Pfosten. Sie dienen zur Aufnahme der Zierbretter. Ein Deckbrett dient als oberer Abschluss und später als Handlauf.

**24** Als Verkleidung befestigen Sie jetzt an der Außenseite der Haltekonstruktion die Zierbretter. Hierfür eignen sich selbst gehobelte Dachlatten oder vorgefertigte Zierblenden, z. B. in Baumärkten erhältlich, in den unterschiedlichsten Formen. Bei der Montage erleichtert ein Abstandsholz die Arbeit und gewährleistet den gleichmäßigen Abstand zwischen den Blendhölzern. Voraussetzung ist natürlich, dass Sie das erste Blendholz exakt im

Lot montieren, da sich sonst Abweichungen über die ganze Frontseite fortsetzen. Sicherheitshalber sollten Sie während der Arbeit immer wieder mit der Wasserwaage die Lothaltigkeit überprüfen. Sie sollten auch den optischen Gesamteindruck während der Arbeiten im Blick behalten und kontrollieren.

**25** Sind die Arbeiten im Terrassenbereich abgeschlossen, kann nun der Wintergarten vervollständigt werden.

Zum Innenausbau müssen der Boden verlegt und zuvor eventuell noch die Wände verputzt oder mit Holz verkleidet werden. Als Fußboden eignen sich dunkle Bodenfliesen oder Steine, da sie besonders gut die eingestrahlte Wärme speichern. Sollten geschmackliche Gründe gegen dieses Material sprechen, können Sie selbstverständlich auch jede andere Art von Fußbodenbelag wählen.

Achten Sie bei Holz aber unbedingt darauf, dass das Material wirklich trocken ist. Denn ist das Material noch feucht, kann das Holz schrumpfen und unansehnliche sogenannte Trockenfugen bilden sich aus.

25

Vor dem Innenausbau sollten Sie möglichst noch die Außenverglasung durchführen. Wenn Sie Isolierglasscheiben beim Glaser kaufen, setzt dieser die Scheiben meist auch gleich gegen geringen Montageaufpreis ein. Dies hat im Gegensatz zur Eigenleistung den Vorteil, dass Sie Anspruch auf Gewährleistung haben, was auch für die Terrassentür gilt.

Wollen Sie sichergehen, dass überlaufendes Wasser aus der Dachrinne nicht in den Dachaufbau eindringt oder die Fensterscheiben hinabläuft, sollten Sie den Bereich zwischen Dachrinne und Fensteroberkante mit einem Deckblech verkleiden. Eine Tropfnase an der Unterkante leitet in der Regel dann das Wasser zuverlässig von den Scheibenflächen weg.

# EIN GEWÄCHSHAUS MIT ALTEN FENSTERN ERRICHTEN

## Info

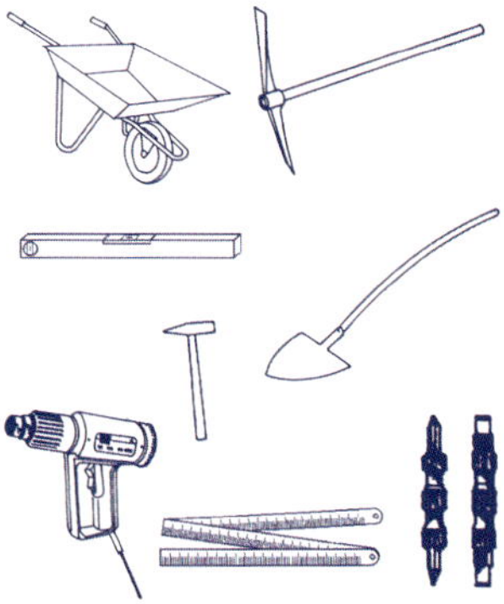

● **Schwierigkeitsgrad**

0 1 2

● **Kraftaufwand**

0 1 2

● **Material**

Gebrauchte Fenster und Türen – Anzahl je nach Gewächshausgröße, Holzbalken, Kanthölzer, Schalbretter, Beton, Nägel, Schrauben

● **Arbeitszeit**

Je nach Größe der Anlage etwa 2 bis 3 Tage.

● **Ersparnis**

Je nach Größe bis zu 2.550 €.

Industriell gefertigte Gewächshäuser gibt es heute zwar in den ansprechendsten Formen und auch unterschiedlichsten Größen zu kaufen; besonders umfangreiche Bauten bewegen sich dabei aber in Preisregionen, die für den Hobbygärtner oftmals unerschwinglich sind.

**1** Eine preiswerte Alternative stellt auf jeden Fall der Bau eines Gewächshauses mit alten Fenstern dar. Einkausquellen für diese Altmaterialien können unterschiedlichster Art sein; sie aufzuspüren bedarf manchmal durchaus eines ausgeprägten Durchhaltevermögens – letztlich lohnt die deutliche Materialkostenersparnis aber die Mühe. Eine gute Möglichkeit, Hinweise darauf zu erhalten, wo alte Fenster aus Abbruchhäusern kostenlos zu bekommen sind, bieten einschlägige Anzeigen in Tageszeitungen oder in speziellen Blättern. Eine weitere Quelle sind auf Altbausanierung spezialisierte Baufirmen oder Verglasungsfirmen. Fragen Sie auch bei Wertstoffhöfen nach. Oder kennt vielleicht jemand in Ihrem Bekanntenkreis ein Haus, das bald abgerissen werden soll? Achten Sie beim Sammeln des Materials darauf, dass Sie die Fenster zusammen mit dem Fensterstock erhalten. Denn dies erspart Ihnen erhebliche Mehrarbeit beim späteren Ausbau.

Außerdem sollten Sie natürlich auch schon eine grundsätzliche Vorstellung von der Größe Ihres geplanten Wintergartens besitzen.

**2** Ist Ihr Material komplett, messen Sie die Fenster aus und fertigen – z. B. im Maßstab 1:10 – Modellkärtchen an. In einer Art Puzzle müssen Sie jetzt versuchen, die am besten geeignete Zusammenstel-

lung der unterschiedlichen Fenstermaße zu erreichen.

**3** Steht der Aufbau fest, können Sie die notwendigen Baumaße errechnen und mit den Bauarbeiten beginnen.
Zuerst muss ein tragfähiges Fundament errichtet werden. Heben Sie dazu einen etwa 80 bis 120 cm tiefen und ungefähr 50 cm breiten Graben aus, den Sie anschließend mit Schalbrettern ausschachten.

**4** Achten Sie dabei darauf, dass die Schachtwände senkrecht stehen und einen Innenabstand – also die spätere Fundamentbreite – von mindenstens 30 cm aufweisen. Seiten- und Querstützen stabilisieren die Verschalung.

**5** Nun füllen Sie den Beton ein. Dies sollte kontinuierlich in Schichten geschehen, die immer wieder ordentlich verdichtet werden. Ein Kantholz leistet hier gute Dienste. Um eine sichere Stabilität zu erreichen, sollten die Arbeiten in einem Zug bis zum Ende durchgezogen werden.

**6** Ist das Betonfundament ausgehärtet, können Sie die Schalung entfernen und mit dem Holzaufbau beginnen.

7 Die zentralen Konstruktionselemente bilden die beiden Türen an den Giebelwandseiten. Nachdem Sie das Türblatt vorübergehend ausgehängt haben, können Sie an den Längsseiten der Türzargen die Stützpfosten verschrauben.

8 Die mit den Stützpfosten bewehrten Türzargen werden dann an der vorgesehenen Position auf dem Streifenfundament platziert und mit Längsbalken verbunden. Die Balkenteile werden mit Eisenwinkeln zusammengesetzt, die Sie mit selbsteindrehenden Schrauben fixieren. Achten Sie dabei besonders darauf, dass die Türelemente nach allen Seiten im Lot sind, um eine sichere Funktion der Türen zu gewährleisten.

Während der gesamten Montagearbeiten dienen schräg angesetzte Stützbalken als Sicherung und Justierhilfe. Ist die Konstruktion gut fixiert, können sie wieder entfernt werden.

9 Im nächsten Arbeitsschritt werden die Fensterstöcke, die die Sei-

tenwände bilden, miteinander verschraubt und nach dem Einjustieren mit Dübeln im Fundament verankert.

**10** Danach können Sie die Dachflächenfenster befestigen. Die Fixierung erfolgt im unteren Bereich in den Rahmen der Seitenwandfensterstöcke, im oberen Bereich an den Längsträgern. Achten Sie darauf, die Unterkante der Dachflächenfenster mit etwas Überstand zu positionieren. Denn somit erhalten Sie automatisch eine Art Traufkante, sodass Regenwasser abtropfen kann, ohne über die darunterliegenden Fensterscheiben abzulaufen.

Nun können Sie den Firstbereich aufbauen. Dies können Sie durch Kanthölzer bewerkstelligen, die Sie in der Fluchtlinie der Dachschräge fortführen und im Giebel mit Holzlaschen befestigen. Um die Stabilität zu erhöhen, werden sie noch zusätzlich durch senkrechte Kanthölzer an den Längsträgern fixiert.

Anschließend können Sie den fensterlosen Giebeldachbereich mit Holzbrettern ihrer Wahl verschalen.

# SACHWORTREGISTER

# ABBILDUNGSVERZEICHNIS VON BAND 2


Die nachstehend genannten Personen und Firmen haben Bildmaterial zur Verfügung gestellt. Wir möchten ihnen für die freundliche Unterstützung danken.

**djd/deutsche journalistendienste**
djd/Heidelberg Cement: Seite 40 (o.)
djd/Karstadt Quelle Versicherungen: Seite 4 (l.), 60
djd/Wintergarten-Fachverband e. V.: Seite 79

**easy PR**
EPR/Palmen: Seite 59

**Fotolia.de**
Seiten: Stefan Thiermayer 5; SyB 18; flook 37 (o.); Wendy Karveney 38 (o.); Reiner Wellmann 38 (u.); idee23 40 (u.), 43 (u.); Maria P. 41 (u.); Roman Milert 43 (o.); Nath Photos 54

**GKT – Klaus Brusius**
Gewerbegebiet
35649 Oberweidbach
Seiten 13-15

**Peter Himmelhuber**
Thurmayerstraße 1
93049 Regensburg
Seiten 25, 26, 37 (u.) und 55-58, 80-94

**mauritius images**
Seiten 4 (r.), 5, 23, 36, 53

**Pixelio.de**
Pixelio/hans: Seite 6

**Wolfgang Redeleit**
Meisenweg 15
29553 Bienenbüttel
Seiten 61-65

**Röhm GmbH**
Kirschenallee
64293 Darmstadt
Seiten 21, 49, 50

**Schock Bauelemente GmbH**
Postfach 1540
73605 Schorndorf
Seiten 27, 28

**Schüco International KG**
Karolinenstraße 1-15
33609 Bielefeld
Seiten 10, 16, 19, 20

**Selbst ist der Mann/Das Heimwerker Magazin**
Industriestraße 16
50735 Köln
Seiten 17, 66-78

**Sunshine Wintergarten GmbH**
Boschstraße 1
6721 Emden
Seiten 9, 12, 31, 32, 33

**WeberHaus**
Postfach 1126
77863 Rheinau-Linx
Seiten 7, 8

Alle übrigen Abbildungen stammen aus dem Archiv des Autors.